KB268233

'필통톡'은 2012년 2월 시작해 전국을 돌며 뜨거운 반응을 얻은 바 있다. 평일임에도 시민홀에는 필통톡을 보러 온 300여 명의 학부모와 학생들로 북적였다.
－중앙일보

'필통톡'에서 고발한 학교폭력 실상과 관련해 교과부가 학교폭력 조사팀을 파견했다. '학교폭력 대책'이 현장에서 제대로 작동하고 있는지, 제도적으로 더 보완할 일이 없는지 등도 살펴볼 예정이다.
－조선일보

"현장서 일해보니 뭘 배울지 알게 돼." 군산서 울려 퍼진 '고졸성공' 스토리
－매일경제

늘 유익하고 알찬 강연은 대도시에서만 해서 참여를 못하는데, 중소도시에 열려서 반갑고 기뻤다. 학교 선배의 사례는 가깝게 느껴져서 좋았고, 잘 몰랐던 제도들과 그 장단점을 알아보는 시간이 돼 즐거웠다. ID_arlawlsdl2940

취업과 진학 사이에서 갈등하던 나에게 아주 좋은 충고와 조언이 됐다. 이런 프로그램이 앞으로도 더 많이 만들어졌으면 좋겠다. ID_wjsckddbs413

육군사관학교도 입학사정관전형이 생기면 안 되는지에 대한 질문에 답을 얻지는 못했지만, 국방부와 의견을 나눠보겠다는 장관님의 약속을 들을 수 있었다. 방청에 참여한 학생이 그냥 듣는 것이 아니라 여러 패널과 소통하고 대화해 답을 찾아가는 과정이 얼마나 소중한지 깨달을 수 있었다. ID_gksdmtk

학부모 걱정에 답하다

필통톡, 학부모 걱정에 답하다

초판 1쇄 | 2012년 11월 26일
초판 2쇄 | 2012년 12월 6일

지은이 | 교육과학기술부 필통톡 기획팀

발행인 | 김우석
제작총괄 | 손장환
편집장 | 원미선
책임편집 | 박근혜
마케팅 | 공태훈 김동현 신영병
홍보 | 이수현
표지 디자인 | 권오경 성희재
본문 디자인 | 김은정
교정·교열 | 중앙일보 어문연구소
제작 | 김훈일 임정호 박자윤

펴낸 곳 | 중앙북스(주)
등록 | 2007년 2월 13일 제 2-4561호
주소 | 서울시 중구 순화동 2-6번지(100-732)
구입문의 | 1588-0950
내용문의 | 02-2000-6172
팩스 | 02-2000-6174
홈페이지 | www.joongangbooks.co.kr
페이스북 | www.facebook.com/hellojbooks

ⓒ 교육과학기술부, 2012

ISBN 978-89-278-0391-1 13590
값 15,000원

/교육과학기술부 필통톡 기획팀 지음/

필통톡

必通
talk

대한민국 교육정책 초등부터 대입까지

학부모 걱정에 답하다

중앙books
JoongAng Ilbo

학부모는 학부모답게, 학교는 학교답게
서로를 아는 교육이 필요합니다

엄마학교 대표 **서형숙**

얼마나 좋을까요? 부모는 아이를 낳아서 먹이고 입히며 자라는 모습을 지켜보고, 학교에서 가르쳐주고, 나라에서 키워준다면. 이제 교육과학기술부에서 교육을 제대로 하겠다고 나섰으니 기대해볼 만합니다. 필통톡, 교사와 학부모가 머리를 맞대고 앉아 얽히고설킨 실타래와 같은 우리의 교육 현실을 함께 풀어나가려 가닥을 잡고 있네요. 서로 마주하고 문제를 쏟아낸 것만도 반가운 일입니다.

대한민국에서 교육은 편안하지 않습니다. 공교육에 아이를 믿고 맡기면 편안해지는데 많은 엄마들이 아이들을 학원에 보냅니다. 학교에서 한 시간 내내 "이것 배웠지?" 하고 묻기만 하면서 시간을 보낼 리는 없을 텐데도요. 아이들이 낮 동안 학교에서 수업을 받았으면 밤에는 쉬어야 하고, 일주일을 공부했으면 주말엔 놀아야 합니다. 방학放學은 놓을 방, 배울 학. 한 학기에 집중했으면 방학 동안에는 학교 공부를 좀 놓아야지요. 그러면 오히려 수업 집중도가 높아집니다. 이런 아이들 가운데서 교사는 신명나게 가르칠 힘이 납니다. 아이들은 또 어떤 새로운 것을 배울까 기대하지요. 저녁 노을을 즐기고 작은 풀꽃의 아리따움을 감탄할 수도 있게 됩니다.

그런데 지금 교육 현실은 어떨까요. 아이는 부모를 무시하고 부모는 아이를 무서워합니다. 안 가르치는 교사들이 넘치고 아이들은 배우려 하지 않습니다. 학교에서 안 가르친다고 엄마들이 나서서 가르쳐 보내느라 사교육 시장으로 아이를 내몹니다. 많은 이가 서로 행복하지 않은 맹목적인 뒷바라지에 목숨을 겁니다. 공부만 잘 하면 모든 게 용서되고, 자녀교육을 위해서라면 가족이 해체되고 자신의 인생을 포기해가며 매달리다보니 결국엔 서로 만신창이가 됐습니다.

우리는 진짜 교육을 한 걸까요? 아시다시피 우리나라를 이만큼 살게 한 것도 교육이고 지금 이렇게 죽이고 있는 것도 교육입니다. 학생, 교사, 학부모 서로를 알게 하는 교육이 필요합니다. 또 각자 자존감을 키워 소통하게 해야 합니다. 몸에 배고 익을 때까지 가르쳐야 합니다.

'엄마학교'에서는 아이들을 열과 성을 다해 가르치신 선생님들을 모셔와 '교사가 보기에 예쁜 어린이, 훌륭한 학부모'란 제목으로 강의를 하게 했습니다. 엄마들은 선생님의 강의를 듣고 펑펑 울었습니다. 막연히 멀게만 여겼던 교사인데 독립운동 하듯 학생들에게 헌신하는 모습을 보며 감동했기 때문입니다. 서로 알지 못하기에 반목했던 교사, 학생, 학부모 모두가 사실은 우리 모두의 목표, 교육에 온 힘을 쏟고 있다는 걸 이 책을 통해 알게 됩니다.

교육이란 결국 좋은 사람을 만드는 것입니다. 지식과 기술을 가르치면서 인격을 길러줘야 합니다. 결과뿐만 아니라 그 과정도 좋아야지요. 세상의 빛을 본 지 얼마 안 되는, 전두엽이 아직 완성되지 않은 아이들이라는 걸 잊지 말아야 아이들을 품을 수 있습니다. 교사와 학부모는 어른이라는 사실을 한시도 잊으면 안 됩니다. 학부모가 학부모다워지면 아이는 아이다워집니다. 교사가 교사다워지면 학생은 학생다워집니다. 이제는 답 맞히는 기계가 아닌, 공부를 하는 학생다운 아이들을 기르는 참교육이 필요합니다. 학교, 교사, 학부모, 학생 모두의 목표, 다 같이 행복한 세상. 『필통톡, 학부모 걱정에 답하다』는 그간 많은 학부모와 학생들이 품었던 궁금증을 자세하게 풀어주는 책입니다. 많은 학부모가 이 책으로 의문을 해소하고 교육 불안감을 내려놓아 편안한 교육이 이뤄지길 바랍니다.

반드시 통하는 학교 이야기, 그 문이 열립니다

신도림고등학교 교장 **최옥수**

열려 있는 교장실 문 밖으로 삼삼오오 모여 있는 학생들이 보입니다. 학생들은 교장실로 들어와 그들의 학교 이야기를 늘어놓습니다. 그 모습이 기특해 서랍에서 초콜릿 몇 개를 꺼내 쥐어 보냅니다. 저는 교장실 문을 항상 열어 놓습니다. 학생들, 학부모님들, 선생님들이 언제나 들어와서 이런저런 이야기를 나누고 갈 수 있도록 말입니다. 얘기를 나누다 보면 참 서로 궁금한 것도 많고, 할 이야기도 많습니다. 바로 '교육'이라는 공통된 관심사가 있기 때문입니다. 격의 없이 많은 이야기를 나누어서 그런지 신도림고등학교는 개교한 지 4년밖에 지나지 않았지만 '학생들이 가장 가고 싶은 학교 1위', 수학·과학 중점형 교과교실제 및 과학 중점학교로 선정될 수 있었습니다. 선생님들과 학부모님들, 학생들이 서로의 이야기를 듣고 그에 맞게 조율해왔기 때문입니다.

학부모님들께서 학교를 방문하실 땐 궁금증을 한 아름 안고 오십니다. "저희 아이는 잘 하고 있나요? 다른 아이들은 어떤가요? 집에서 어떻게 해줘야 하나요?" 질문을 들어보면 대부분 몇 가지로 나눠집니다. 학교에서 이뤄지고 있는 프로그램에 대해, 아이의 학교생활과 성적은 어떤지, 더 좋은 성적을 위해 집에서 어떻게 해줘야 하는지 말입니다. 모든 학부모님들의 궁금증에 다가가 일일이 설명해 드리면 좋겠지만 물리적으로 한계가 있어서 안타깝습니다.

『필통톡, 학부모 걱정에 답하다』를 통해 더 많은 학부모님께 학교 이야기를 들려 드릴 수 있게 돼서 다행입니다. 학교만으로는 온전한 교육이 이뤄질 수 없어서 가정에서 함께 해주셔야 하는 자기주도학습이나 창의·인성교육 등의 교육제도도 공유할 수 있다는 점에서 이 책의 영향력이 기대됩니다. 또한 학부모님들께서 활용하실 수 있는 교육 정보 사이트나 선배의 사례 등을 한 권의 책으로 담아냄으로써 학교교육을 이해하는 필독서가 될 수 있을 것입니다.

"21세기의 학생을, 20세기 학교에서, 19세기 방식으로 교육한다"는 말이 있습니다. 학교, 교사, 학부모와 학생이 소통하지 못했기 때문에 나온 말일 것입니다. 변화하는 사회와 학생에 맞춰 학교와 교육이 변화하려면 자주 학부모와 '필통톡'해 그 시작을 만들어야 합니다. 병아리가 세상 밖으로 나오려면 병아리는 껍데기 안에서, 어미 닭은 밖에서 열심히 쪼아 동시에 힘을 합쳐야 한다고 합니다. 우리 교육도 학교와 가정이 줄탁동시啐啄同時 할 때 교육의 열매가 열릴 것이라고 믿습니다. 『필통톡, 학부모 걱정에 답하다』가 학교와 학부모가 소통하는 '열린 문'의 역할을 해줄 것이라 기대합니다.

가야 하는 학교가 아닌
가고 싶은 학교를 위해

"낙엽만 굴러가도 웃을 때지."

옛 어른들은 청소년들을 보며 이런 말씀을 했다. 작은 것에도 까르르 웃던 아이들이다. 그런데 지금은 '낙엽만 굴러가도 울 것 같은' 아이들이 많아졌다. 무거운 가방만큼이나 아이들이 내딛는 발걸음도 무겁다. 그걸 지켜보는 부모의 마음도 편치 않다. 아이가 학교에서 잘 하고 있는지, 괴롭히는 친구는 없는지 걱정된다. 부담을 주려는 건 아니지만 좋은 대학에 가서 남들 못지않게 인정받는 사람이 됐으면 한다. 남들은 두세 개 학원은 기본으로 다닌다는데 우리 아이만 안 다니면 안 될 것 같아 학원 전단지를 살피고 학부모 모임에서 정보를 얻는다. 학원비라도 벌려면 일을 해야 하고, 일을 하게 되면 아이를 챙기기가 어렵다. 체험학습이니, 자기주도학습이니 하는 이야기는 많이 들리는데 어디서부터 어떻게 아이를 챙겨줘야 할지 어렵기만 하다.

처음 학교를 보내는 학부모나 몇 년씩 아이를 학교에 보낸 학부모나 고민의 종류는 약간의 변화가 있을지는 몰라도 고민의 절대량에는 변함이 없다. 아이에게 좋은 일이라면 부모가 좀 고생하더라도 하나의 정보라도 더 얻기 위해 뛰어다닌다. '반드시 통하는 이야기 필통必通톡'은 이런 학부모와 학생의 걱정과 고민에서 시작됐다. 필통톡은 교육과학기술부 장관, 교육전문가, 교사, 학생, 학부모가 한자리에 모여 솔직하게 이야기를 나누는 소통 프로그램이다. 변화하는 교육제도에 대한 교사와 학생, 학부모의 궁금증을 조금이나마 해소하는 동시에 현장의 소리를 다시 정책에 반영해 정책과 현장의 차이를 줄이고자 했다.

필통톡은 그렇게 2012년 2월 시작했다. 당시 학교폭력으로 인해 몇 번의 가슴 아픈 소식들이 들려오던 때여서 사회적으로 학교폭력에 대한 관심이 높아졌다. '안전한 학교 만들기'를 주제로 시작한 필통톡에는 학교폭력으로 고통 받는 아이들이 더 이상 없어야 한다는 절박함이 있었다. 정부에서 내놓은 교육정책이 현실적으로 도움이 되는지 날 선 공방이 이어지기도 하고, 때론 이해하고 공감하는 분위기가 조성되기도 했다. 정책이 검증되는 무대이자 새로운 정책이 생겨나는 토대가 됐다. 하지만 모두가 통감하는 점은 분명했다. 바로 학교와 가정에서의 교육이 바로 서야 아이의 웃음이 되살아날 수 있다는 것이다.

10개 대도시를 순회하면서 소통의 깊이는 더욱 깊어졌다. 매회 시간이 언제 지나갔는지도 모르게 꽉 찬 토론이 이어졌다. 소통의 공간은 뜨거웠다. 지역 민방의 전파를 탄 필통톡 시즌1은 교육계뿐 아니라 학생과 학부모에게 좋은 반응을 얻었다. 더 다양한 학교 이야기를 나누고 싶다는 학부모들의 요청이 쇄도했다. 한 학부모는 학교폭력 외에도 학교에서 어떤 교육을 하고 있는지 이야기할 기회가 있으면 좋겠다는 의견을 교육과학기술부에 보내왔다. 또 지방 출신의 한 대학생은 자신의 고향에서도 필통톡이 진행돼 후배들에게 좋은 정보를 얻는 기회가 있었으면 좋겠다고 요청하기도 했다.

사실 많은 이가 학교가 흔들리고 있다고 말한다. 자녀교육을 공교육보다는 사교육에 더 의존하는 학부모님도 더러 계신다. 공교육에 대해 반신반의하면서도 학교교육에 대해 더 알고 싶어 하는 이유는 무엇일까? 아무리 그래도 아이의 교육에서 학교가 차지하는 비중은 여전히 크고 충분히 개선될 수 있을 거라는 기대감이 있기 때문이다. 필통톡을 진행할수록 교육에 대한 책임감을 느끼며 소통이 더 필요하다는 생각에 공감했다. 교육과학기술부 필통톡팀은 학부모와 학생이 가장 궁금해할 몇 개의 학교 이야기를 가지고 시즌2를 진행하기로 결정했다. 대입제도, 진로교육, 창의·인성교육 등을 주제로 서울필통톡이 시작됐고 시즌3은 대도시에 비해 상대적으로 정보가 적은 지방의 중소도시를 돌았다. 모두가 교육에 대한 관심 어린 걱정과 고민에 대해 소통이 필요하다는 공감에서 비롯된 것이다.

『필통톡, 학부모 걱정에 답하다』는 큰 호응을 얻었던 필통톡 소통 프로그램을 책으로 옮긴 것이다. 흔히 생각하는 정부기관의 정책 홍보 자료집이 아니다. 어려운 교육제도가 아니라 학생·학부모님과 함께하며 현장으로 다가갔던 '필통톡' 의도를 충분히 살리고자 했다. 객관적인 학교 정책들을 기본으로 해 다양한 현장 사례를 더해 학부모와 학생의 고민을 함께 현실적으로 해결해 나가는 구성이다. 실제로 필통톡에서 다뤘던 주제와 질문, 그 외에도 학부모 모니터링단의 제안을 통해 '학부모가 가장 알고 싶은 교육정책'을 선정했다. 궁금증과 조언이 편안하고 진솔하게 묻어나올 수 있도록 대화 형식으로 구성했다. 학부모 대표와 교육 전문가가 나누는 대화를 읽다보면 내 아이의 상황에 비춰 봤을 때 어떻게 적용할 수 있을지에 대해 정보를 얻을 수 있을 것이다.

이 책은 크게 4장으로 나눠진다. 행복하고 창의적인 인재를 키우기 위해 마련한 교육정책을 초등학교, 중학교, 고등학교라는 각 학교급별로 크게 나누고, 모든 학교에 공통으로 적용되는 학교폭력을 더했다. 각 장은 해당 학교에 다니거나 진학을 앞두고 있는 학생들과 학부모가 궁금해할 만한 주제로 나눴다. 필통톡에서 주요하게 다뤄졌던 주제인 창의·인성교육, 진로교육, 입시정책, 학교폭력 예방 등이 책에서도 동일하게 구성됐다. 학부모들의 솔직한 궁금증과 질문 중심으로 짰기 때문에 자녀가 다니는 학교, 내가 묻고 싶었던 해당 질문을 찾아서 읽어볼 수 있다. 매 주제 마지막에는 해당 주제와 관련해 알아두면 좋은 정보나 인터넷 포털사이트, 프로그램을 보너스로 실었다. 신뢰할 만한 교육 사이트들은 학부모가 가정에서 아이를 지도할 때 활용하기에 좋다.

첫 필통톡부터 마지막 필통톡까지 장장 10개월을 이어오며 참교육에 대한 열정과 학교에 대한 희망을 볼 수 있었다. 『필통톡, 학부모 걱정에 답하다』가 교육에 대한 소통의 열기를 이어갈 수 있기를 바란다. 이 책 한 권으로 아이의 교육에 대해 명쾌하게 똑 떨어지는 답안이 될 수 있을 것이라는 욕심은 부리지 않는다. 다양한 특성의 아이들이 존재하듯이 그에 따라 아이에게 맞는 교육도 달라지기 때문이다. 이 책이 정답보다는 모범답안이 됐으면 한다. 책에서 소개되는 다양한 사례와 노하우를 통해 자신에게 맞게 적용해가기를 권한다.

학교는 변화하고 있고, 아이들은 그 안에서 저마다의 꿈을 키워가고 있다. 아이의 미래를 믿고 맡길 수 있는 학교교육을 소망하는 학부모, 다니고 싶은 학교를 바라는 학생, 다양한 교육 프로그램을 구상하는 교사, 필통톡에서 나눴던 그들의 한마디 한마디가 긍정적인 변화의 씨앗이다.

대한민국의 모든 학생과 학부모님의 열정을 응원하며

교육과학기술부 필통톡 기획팀

필통必通톡은?

교육과학기술부 이주호 장관과 전문가들이 교육과학기술 현안에 대해 학생, 학부모, 교사, 연구원 등과 정보를 공유하고 바람직한 방향을 함께 논의한 현장소통 프로그램이다. 2012년 2월부터 11월까지 10개월 동안 전국 21개 도시에서 27회 열렸으며 총 7,000여 명이 함께했다.

시즌1 지역민방과 함께하는 필통톡

2012년 2월 학교폭력근절대책 발표 후 '안전한 학교 만들기와 지역교육 현안'을 주제로 전국 10개 도시를 순회했다. 지역 학생과 학부모, 교사, 전문가들이 한자리에 모여 허심탄회하게 소통한 내용이 지역민방에 방영돼 학교폭력과 지역교육 현안에 대해 지역사회가 함께 고민하고 해법을 찾아가는 계기를 마련했다.

| 방송일 | 대구방송(2.23), 대전방송(2.29), 부산방송(3.2), 광주방송(3.3), 전주방송(3.3), 강원민방(3.8), 청주방송(3.16), 울산방송(3.24), 제주방송(3.22), 경인방송(4.15)

시즌2 학부모와 함께하는 서울 필통톡

학부모의 주된 관심사인 대입제도, 진로교육, 창의 · 인성교육, 학교폭력근절 등을 주제로 서울에서 4회 열렸다.

| 1회 | 미래사회 변화와 교육의 역할 - 고등학교(4.18)
| 2회 | 우리 아이 미래 준비 - 중학교(5.3)
| 3회 | 우리 아이 창의적 인재로 키우기 - 초등학교(5.9)
| 4회 | 학교폭력근절대책 발표 후 현장 변화와 과제(5.16)

시즌3   중소도시를 찾아가는 필통톡

'미래 인재와 교육'을 주제로 전국 중소도시에서 창의·인성교육, 진로교육, 입학사정관제, 고졸취업 지원 등에 대해 학부모, 학생들의 궁금증을 해소하는 자리를 가졌다. 이주호 장관과 전문가가 함께하는 100분 토크와 EBS 파견교사가 EBS 활용 공부법, 자기주도학습법 등을 강의하는 멘토타임으로 진행됐다.

| 일반주제 | 창의·인성교육, 진로교육, 입시제도의 변화 : 의정부(7.13), 속초(7.17), 충주(7.24), 아산(9.6), 순천(9.14), 진주(10.16)
| 특화주제 | 고졸시대 성공전략 : 군산(8.24), 구미(8.31), 안산(9.5)
| 종합 | 필통톡, 못다한 이야기 : 서울(11.13)

시즌4   과학기술인과 함께하는 필통톡

미래 대한민국을 이끌어갈 과학기술 인재들과 함께 연구환경 개선과 과학기술인의 비전에 대해 논의했다.

| 1회 | 젊은 과학기술인의 고민 나누기 - 안정적 연구환경, 좋은 일자리 창출(포항공대, 8.3)
| 2회 | 기초과학 육성 정책 방향 - 기초과학 진흥 및 인재양성(광주 GIST, 9.25)
| 3회 | 과학영재들의 꿈과 희망(서울과학고, 10.22)

※ 필통톡을 다시 보고 싶다면?
　 필통톡 홈페이지(www.필통톡.kr)를 찾아가면 시즌1~4까지의 영상을 볼 수 있다.

초등학교
창의적 인재의 씨앗을 심는 시기

01 창의 · 인성교육 ▪ **26**

다양한 아이들의 흥미를 학교에서 키워줄 수 있나요?

창의력은 영재에게만 해당하는 것 아닌가요?
학교에서 어떤 창의적 체험활동을 하나요?
창의적 체험활동 때문에 공부를 안 하면 어쩌죠?
창의력을 키우려면 가정에서 무엇을 해야 할까요?

02 방과후학교 ▪ **50**

맞벌이 부부의 자녀는 방과 후 어디로 가야 할까요?

학원에서 선행학습을 하면 훨씬 좋지 않나요?
다른 아이들도 학원에 다니는데 우리 아이만 안 다닐 수 있나요?
방과후학교는 학원보다 질이 떨어지는 것은 아닐까요?

4장 학교폭력
모두가 행복하게 다닐 수 있는 학교 만들기

초등학교

과거의 교육은 패스트 팔로어fast follower, 즉 빨리 따라가는 인재를 길러내기 위한 것이었습니다. 하지만 이제는 변화를 선도할 인재를 육성해야 합니다. 스티브 잡스나 빌 게이츠처럼 창의적인 생각으로 세상을 바꾸는 퍼스트 무버first mover의 역할이 강조되고 있는 것입니다. 퍼스트 무버의 핵심 역량은 창의성과 인성입니다.

-2012. 7. 17 속초 필통톡에서

창의적 인재의
씨앗을 심는 시기

"우리 아이가 벌써 초등학생이 됐다. 품 안에서 고물거리던 때가 엊그제 같은데 말이다. 처음 초등학교에 들어가는 날에는 왠지 나도 모르게 가슴 한쪽이 뭉클해지는 것을 느낄 수 있었다. 아이가 유치원에 다닐 때만 해도 그저 다른 아이들과 건강하게 잘 놀고 예쁘게 웃는 것만 봐도 흐뭇했다. 초등학생이 되고 나니 갈수록 여러 가지 걱정과 불안감이 밀려온다. 처음 겪는 학교생활에 잘 적응할 수 있을까, 다른 아이들에게 뒤처지는 건 아닐까, 이왕이면 반에서 주목받고 앞서나갈 수는 없을까 하고 말이다. 초등학생 아이를 둔 부모라면 불안감과 기대, 걱정, 희망이 교차한다. 그런 이유로 빠듯한 살림살이에도 아이를 학원에 보내기도 하고 아이의 일과를 챙기게 된다. 가끔 학원에 가기 싫어하는 아이를 보면 안쓰럽고 실컷 놀게 하고 싶은 것이 부모의 마음이다. 그러다가도 아이가 공부와 멀어질까 불안해지고, 다른 집 아이는 학원을 하나 더 다닌다는 말만 들어도 걱정스러운 마음에 아이에게 가방을 들려 학원에 보내고 만다."

대한민국 부모님들이라면 모두 한결같이 같은 고민과 걱정을 하십니다. 지금 부모님께서 생각하시는 교육 방향이 자녀의 미래를 위해 맞는 것인지, 학교에서 하는 교육이 학습 취지에 맞게 제대로 잘 되고 있는지, 얼마 안 돼 또 바뀌는 건 아닌지 늘 불안하실 것입니다.

부모님 모두가 잘 아시고 있는 사실이지만 부모님들께서 초등학교에 다닐 당시와는 지금의 초등학교는 많은 변화가 있습니다. 학교 교과과정이나 그 밖의 방과후 학습과 같은 활동 등을 보면 대충 어떤 것들인지 이해하실 수 있습니다. 하지만 정확히 그 활동이 무엇인지, 왜 하는 것인지는 잘 모르실 수 있습니다. 1장에서는 초등학교의 교육 목표와 방향에 대해 정리해서 학부모님들께서 잘 이해할 수 있도록 할 것입니다. 나아가 자녀 교육에 대한 방향성을 정하는 데도 도움이 되고자 합니다.

다양한 아이들의 흥미를
학교에서 키워줄 수 있나요?

"아이가 언제부터인지 수업시간에 창의적 체험활동을 한다고 했다. 우리가 어렸을 때는 경험해보지 않았던 활동이라 궁금했다. 학교에서 돌아온 아이에게 무슨 활동을 했느냐고 물어보면 친구들과 오케스트라를 하면서 하모니카 연주를 배웠다고 하고, 어떤 날은 양로원을 방문해 할아버지와 할머니 앞에서 노래를 했다고 한다.

창의성과 인성이 중요하다고 하지만 사실 학교라는 제도 교육에서 어떻게 길러지는지 모르겠다. 창의성은 시험 성적과 같이 눈으로 확인할 수 있는 것이 아니라 다소 막연하다. 괜히 진득하게 공부하지도 못한 채 시간만 낭비하는 건 아닌지 모르겠다."

창의력은 영재에게만 해당하는 것 아닌가요?

창의적 인재 양성을 위해 학교에서 체험활동을 한다고 들었습니다. 여기 저기서 '창의, 창의'라고 말할 뿐 아니라 어느 새 아이들도 이 말에 익숙한 듯합니다. 도대체 창의란 무엇인가요? 뛰어난 영재나 수재에게만 있는 능력 아닌가요?

창의력을 간단히 정의하면 '새로운 개념을 생각하거나 새로운 것을 만들어내는 능력'입니다. 정의된 의미로만 보면 평범한 우리 자녀와는 거리가 먼 것이라고 이해하실지 모르겠습니다. 창의력 하면 플라톤, 레오나르도 다빈치, 에디슨, 스티브 잡스 등과 같은 사람들이 떠오르시나요? 창의력의 정의에서 말하는 '새로운 개념'이라면 두꺼운 책 속에 파묻혀 생각에 생각을 거듭하는 철학자의 영역인 것 같기도 하고, '새로운 것'은 뛰어난 발명가나 예술가의 영역처럼 보일 것입니다. 보통 사람들은 갖고 있지 않은 대단한 능력처럼 느껴지기도 합니다.

창의력은 몇몇 특별한 사람만 갖고 있는 능력이 아니라 누구나 가지고 있는 잠재력입니다. 역사에 이름을 남긴 위인들처럼 모두가 천재적인 창의력을 가진 것은 아닙니다. 하지만 각자 자신의 소질을 발견하고 한 분야에 몰입하는 경험을 통해 창의력을 키워나갈 수 있습니다.

예술가나 발명가에게만 창의력이 필요한 것은 아닙니다. 현재는 물론이고 특히 미래 사회를 이끌어나갈 아이들 모두에게 필요한 역량입니다. 창의력을 이렇게 강조하는 데는 두 가지 이유가 있습니다.

첫째는 변화의 속도 때문입니다. 마이크로소프트사를 창업한 빌 게이츠는 1999년 자신의 저서 『생각의 속도』에 "다가올 10년의 변화가 지난 50년의 변화보다 더 클 것이다"라고 했습니다. 그의 말대로 지난 10여 년간 세상은 무섭도록 빠르게, 많이 변했습니다. 앞으로는 어떻게 될까요? 변화의 속도는 더 빨라지고, 그렇게 되면 다양하고 새로운 문제들이 발생하겠죠. 이들은 대부분 처음 보는 것입니다. 따라서 누군가 만들어놓은 해결책을 통해 습득하는 것은 불가능합니다. 이때 새로운 문제에 맞는 새 해결책을 찾는 데 필요한 것이 창의력입니다.

둘째는 우리나라가 선진국과 개발도상국의 경계선에 자리하고 있기 때문입니다. 현재 초등학생 자녀를 둔 학부모님들이라면 주입식 교육을 받으셨을 겁니다. 많은 분이 주입식 교육을 무조건 나쁘다고만 인식하고 있는데 그렇지만도 않습니다. 학부모님들께서 학교에 다닐 당시만 해도 주입식 교육이 필요한 때였습니다. 그때는 우리나라가 개발도상국이어서 하루 빨리 선진국을 따라잡는 것이 무엇보다 중요했죠. 당시엔 이미 만들어진 것들을 배우는 게 훨씬 더 효율적이었습니다.

지금은 다릅니다. 우리는 새로운 것을 만들어내야 하는 상황에 처했습니다. 이에 따라 능력 있는 인재에 대한 판단 기준도 달라졌습니다. 빨리 배우고 예전의 것과 비슷하게 만드는 능력보다는 새로운 것을 창조하는 능력이 더 중요해진 것입니다. 이렇게 해서 '만들어진 것을 집어넣는' 주입식 교육보다는 개개인이 갖고 있는 다양한 소질에 적합한 '적성을 개발해 끄집어내는' 창의 교육이 필요한 겁니다.

학교에서 어떤 창의적 체험활동을 하나요?

개개인의 소질에 적합한 적성을 개발한다고 하셨는데요. 여러 명이 함께 공부하고 생활하는 학교에서 어떻게 개개인에 맞게 창의력을 개발해줄 수 있는지 궁금합니다. 어떤 방법을 통해 개발할 수 있다는 말인가요?

이미 학생들의 다양한 능력 개발을 위해 학교의 노력은 이어지고 있었습니다. 2009년 이래로 학생들이 한 학기에 배워야 할 과목 수는 물론 암기해야 할 분량도 20% 줄어들었습니다. 과목 수와 암기할 분량이 줄어든 대신에 교과 수업을 통해 창의적인 역량을 키우라는 뜻입니다.

창의적 체험활동도 신설해 학생들이 다양하게 경험할 수 있도록 하고 있습니다. 초등학교 1~2학년은 주당 4시간, 3~6학년은 주당 3시간으로 배정된 창의적 체험활동은 학생의 자율적 참여와 실천을 지향하는 교과 외 활동이므로 다른 교과목과 같이 시험을 치르거나 성적을 산출하지 않습니다. 성적에 반영되지 않는다고 해서 '소홀히 해도 되겠지'라고 생각하시는 학부모님도 계실 겁니다. 하지만 이 체험활동은 학생들이 다양하게 경험한 것을 토대로 자신의 소질과 적성, 흥미를 발견할 수 있을 뿐 아니라 창의성과 인성을 키울 수 있으므로 교과 활동 못지않게 중요합니다.

아이가 학교에서 창의적 체험활동을 한다는 얘기를 해 잘 알고 있습니다. 하지만 구체적인 설명을 들을 기회가 없고 제가 어렸을 때 받았던 교육과는 생소한 방법이라 감이 오질 않습니다. 학교에서 주로 어떤 활동을 하는 건가요?

일상생활에서 잘 사용하지 않는 '창의적'이라는 말이 붙어서 이해가 쉽지 않은 것 같습니다. '체험활동'이라는 말에 초점을 맞추면 이해가 쉬울 것입니다.

'서울 촌놈'이라는 말을 들어보셨을 겁니다. 시골에서 나고 자란 아이가 도시에 와서 처음 고충빌딩 숲과 마주쳤을 때 입을 다물지 못하는 것처럼, 도시 아이들도 시골에 가면 온통 신기한 것뿐입니다. 새로운 세계와 마주한 아이는 쉴 새 없이 질문을 던집니다. 아이의 질문에 모두 대답을 해주려면 식물학자, 곤충학자, 지질학자 등 각 분야의 박사님들을 모셔 와야 할 듯합니다. 자신의 눈으로 직접 벼, 고구마, 메뚜기, 피라미를 본 아이는 책에서 볼 때와는 전혀 다른 반응을 보입니다. 호기심과 탐구심이 샘솟고 상상의 나래를 활짝 펼치게 되는 것입니다. 이것은 체험의 교육적 효과 중 하나라고 할 수 있습니다. 다양한 활동을 통해 창의성과 소질, 잠재력을 개발하고 더불어 인성까지 함양할 수 있는 것이 바로 창의적 체험활동입니다.

학창 시절 학부모님들께서는 학급회의HR, Home Room나 특별활동CA, Club Activity을 하셨을 것입니다. 창의적 체험활동은 이와 비슷한 부분이 많습니다. 당시 형식적으로 시행되던 것을 지금은 지역 사회에 거주하는 전문성과 경험을 갖춘 사람이나 대학 · 문화시설 · 연구소 등의 시설, 기구들까지 활용해 학생들이 자발적, 자율적으로 참여할 수 있도록 지원하고 있습니다.

흔히 아이들은 학교에서 자율활동이나 동아리활동, 봉사활동, 진로활동과 같은 체험활동을 합니다. 자율활동은 학급회, 학생회활동, 학교 특색활동 등 학교 교육활동에 능동적으로 참여하는 데 기초를 두고 있습니다. 동아리활동은 학술활동이나 문화예술활동, 스포츠활동, 실습노작활동, 스포츠클럽활동에 참여하는 것입니다. 활동하는 과정에서 협동의식을 기르게 되며 아이들 각자의 취미와 특기를 신장하는 데 주안점을 두고 있습니다. 이웃과 지역사회를 위한 나눔과 배려를 실천하는 과정을 경험하는 봉사활동을 하기도 해 공동체 의식을 함양하게 됩니다. 진로활동은 자신의 흥미, 특기, 적성을 고려해 스스로 진로를 탐색하고 설계하는 데 중점을 두고 있습니다. 이 네 가지 활동은 분리돼 있는 것이 아니라 유기적으로 맞물려 체험을 하게 됩니다.

정부는 학생들에게 다양한 체험활동에 참여할 수 있는 기회와 여건을 제공하기 위해 창의·인성교육넷www.crezone.net을 개설하고 4만여 종의 프로그램들을 소개하고 있습니다.

창의적 체험활동의 각 영역별 세부 활동 내용

영역		세부 활동 내용
자율활동	적응활동	입학, 진급, 전학, 기본생활습관 형성, 축하, 친목, 사제동행, 학습, 건강, 성격, 교우 등의 상담활동 등
	자치활동	학급회, 학생회 협의활동, 모의 의회, 토론회 등
	행사활동	시업식, 입학식, 졸업식, 종업식, 전시회, 발표회, 학예회, 경연대회, 학생건강체력평가, 체육대회, 수련활동, 현장학습, 수학여행, 문화답사, 국토순례 등
	창의적 특색활동	학생·학급·학년·학교·지역특색활동, 학교전통수립·계승활동 등

영역		세부 활동 내용
동아리활동	학술활동	외국어회화, 과학탐구, 사회조사, 컴퓨터, 인터넷, 신문활용, 발명, 다문화탐구 등
	문화예술활동	문예, 창작, 회화, 조각, 서예, 전통예술, 현대예술, 성악, 기악, 뮤지컬, 오페라, 연극, 영화, 방송 등
	스포츠활동	구기, 육상, 수영, 체조, 배드민턴, 인라인스케이트, 하이킹, 야영, 민속놀이, 씨름, 태권도, 택견, 무술 등
	실습노작활동	요리, 수예, 꽃꽂이, 조경, 사육, 재배, 설계, 목공, 로봇제작 등
	청소년 단체활동	스카우트연맹, 걸스카우트연맹, 청소년연맹, 청소년적십자, 우주소년단, 해양소년단 등
	스포츠클럽활동	(중학교) 학교 교육과정의 일환으로 편성된 교육활동
봉사활동	교내봉사활동	학습부진 친구, 장애인, 병약자, 다문화가정 학생 돕기 등
	지역사회봉사활동	복지시설, 공공시설, 병원, 농어촌 등에서의 일손 돕기, 불우이웃돕기, 고아원, 양로원, 군부대에서의 위문 활동, 재해 구호, 국제 협력과 난민 구호 등
	자연환경보호활동	깨끗한 환경 만들기, 자연 보호, 식목 활동, 저탄소 생활습관화, 공공시설물, 문화재 보호 등
	캠페인활동	공공질서, 교통안전, 학교 주변 정화, 환경 보전, 헌혈, 각종 편견극복 등
진로활동	자기이해활동	자기 이해 및 심성 계발, 자기 정체성 탐구, 가치관 확립 활동, 각종 진로 검사 등
	진로정보 탐색활동	학업 정보 탐색, 입시 정보 탐색, 학교 정보 탐색, 학교 방문, 직업 정보 탐색, 자격 및 면허 제도 탐색, 직장 방문, 직업 훈련, 취업 등
	진로계획활동	학업 및 직업에 대한 진로 설계, 진로 지도 및 상담 활동 등
	진로체험활동	학업 및 직업 세계의 이해, 직업 체험활동 등

우리 아이는 학교에 가기 싫다며 떼를 쓰기도 하고 준비물이니 숙제니 모두 엄마가 챙겨줘야 할 만큼 어립니다. 자라서 무슨 일을 할지도 아직 확실하지 않은 것 같습니다. "나중에 커서 뭐가 될래?"라고 아이에게 물어보면 "아빠가 될래"라고 합니다. 이런 아이가 뭘 안다고 벌써부터 창의적 체험활동으로 진로활동까지 하는 건가요?

부모님들께서도 초등학교에 다니실 때 한 번쯤은 장래희망이라는 주제로 글짓기를 해보셨을 겁니다. 과학자, 의사, 소방관, 선생님을 비롯해 대통령이 될 거라던 친구도 있었습니다. 지금 와서 생각해보면 참 우습지요. 초등학교 때 생각했던 직업의 세계는 막연하기 짝이 없으니 말이죠. 어른들도 10년 후의 계획을 세워보라고 하면 막막한데 초등학생들은 오죽할까요. 숙제가 아니라면 해보지 않았을 글짓기를 통해 막연하게나마 직업에 대해 생각해보게 됩니다. 이것이 장래희망 글짓기의 교육적 효과가 아닐까 합니다. 지금 시행되고 있는 진로교육은 체계적인 교육을 통해 그러한 교육적 효과를 극대화하려는 것입니다.

초등학생 때는 직업과 사회에 대한 가치관을 형성하는 중요한 시기입니다. 교육과학기술부는 초등학교 진로교육의 목표를 '긍정적인 자아개념을 형성하고 일의 중요성을 이해하며 진로 탐색과 계획 및 준비를 위한 기초 소양을 키워 진로개발 역량의 기초를 배양하는 것'으로 설정하고 있습니다. 달리 말씀드리자면 아이가 뭘

가 알기 때문에 진로교육을 하는 것이 아니라, 아직 잘 모르고 있는 상태여서 그것을 알고 선택할 수 있는 기초 능력을 키워주자는 것입니다. 체험을 통해 기초 능력은 길러질 수 있고, 그렇기에 창의적 체험활동을 통한 진로교육을 하는 것입니다.

다음에 나오는 서울 상천초등학교 우성순 선생님의 사례를 통해 초등학교 진로교육이 어떻게 이뤄지며, 어떤 효과를 보여주는지 이해하실 수 있습니다.

초등학교에서 이뤄지는 진로교육은 직업교육이 아닙니다. 다만 아이들이 자신을 알아가며 사랑하는 가운데 꿈과 의욕을 가지고 꿈을 이루기 위한 노력을 시작하는 것이라고 생각합니다. 요즘 아이들에게 장래희망이 무엇이냐고 물어보면 없다고 하는 경우가 많습니다. 고개를 숙이고 말 없이 학교에 다니는 아이들도 상당수입니다. 사람은 꿈을 가짐으로써 기대하는 것이 생기고 즐거울 수 있으므로 진로교육에 관심을 가지고 다양한 활동을 하게 했습니다.

먼저 진로교육의 항목을 두 가지로 잡았습니다. 하나는 'I love myself', 나를 알고 사랑하는 것입니다. 다른 하나는 'I have dream', 꿈을 가지게 하자는 것입니다.

이 두 가지를 염두에 두고 교과와 연계한 다양한 체험활동을 했습니다. 과학 과목의 태양계 단원을 배울 때에는 학교 인근에 있는 영어과학센터에 가서 아이들이 직접 망원경으로 태양과 흑점을 관찰하고 행성 모형으로 태양계를 표현해보도록 했습니다. 국어 과목의 신문기사 관련 단원을 공부할 때에는 신문협회에서 주관하는 '기자와 함께하는 신문 만들기 수업'을 신청했습니다. 이 수업은 신문사 기자를 직접 학교에 오시게 해서 신문 만들기 체험을 할 수 있었습니다. 두 체험활동을 통해 한 번에 해당 단원에서 배워야 할 내용들을 모두 소화할 수 있었습니다.

실과 과목과 연계해 파티쉐 체험과 농사 체험을 해보기도 했습니다. 특히 농사 체험은 지역구청에서 운영하는 농사체험장이 있어서 보리 수확부터 모내기, 김매기, 벼 베기 등 벼농사의 모든 과정을 체험할 수 있었습니다. 겨울에는 논에서 썰매를 타기도 했습니다. 역사 과목을 배울 때에는 서울 용산구에 있는 국립중앙박물관의 '찾아가는 박물관' 프로그램을 체험했습니다. 이밖에도 국립극장에서 공연을 관람하고, 진로체험센터에서 손수제작물UCC 동영상을 만들고 모형항공기를 만들어보기도 했습니다. 서울 광화문에 위치한 세종문화회관에 간 아이들은 공연 문화와 공연 관람 시 지켜야 할 에티켓에 대해서도 배웠습니다.

우리 반은 체험활동만 한 것이 아닙니다. 우리 반에는 '꿈 3종 세트'란 게 있습니다. '오미자', '오감자', '티오피'가 그것입니다. 오미자는 '오늘 미래를 잡자'의 글자를 따 붙인 말로 매일 플래너를 작성하도록 했습니다. 오감자는 복습공책의 이름인데 '오늘 배운 내용의 감을 잡자'의 글자를 따 만들었습니다. 마지막으로 티오피TOP는 블로그를 만들어 체험활동을 기록으로 남겨보자는 뜻으로 만든 'Today Of Planer'의 약자입니다. '꿈 3종 세트'는 아이들이 모두 머리를 짜내 지은 이름으로 그중 어떤 것은 한 달을 기다린 끝에 만들어지기도 했습니다.

저는 아이들이 스스로 주도적으로 하는 것을 중요하게 생각합니다. 인생이 선택의 연속이라면 합리적 선택을 할 수 있는 의사결정 능력 신장이 필요하다고 여기기 때문이지요. 그래서 아이들에게 선택과 의사 표현을 할 수 있는 기회를 많이 줬습니다. 인천 강화도에 수련회를 갔을 때도 입소시간 전까지 탐방할 수 있는 역사유적지가 의미하고 있는 것과 시간 배정을 아이들 스스로 알아 오도록 하고, 그중에서 유적지의 의미와 시간 안배가 적절한 의견을 선택한 후 그대로 실행했습니다.

교실을 벗어난 체험활동을 하면서 가장 좋았던 점은 아이들의 다양성을 발견할 수 있었다는 것입니다. 과학관에서 신이 나서 적극적인 태도를 보인 아이가 있는가 하면 요리사가 꿈인 아이는 교실 수업에는 흥미가 없더니 파티쉐 체험을 할 때는 주도적이었습니다. 시골 할아버지 댁에 자주 갔던 아이는 농사체험에서 두각을 드러내기도 했습니다. 그런 모습을 보면서 저는 물론 친구들도 서로 놀라워했습니다.

체험활동을 하면서 얻은 자신감으로 교실에서도 달라진 아이들을 많이 발견할 수 있었습니다. 말 없이 고개를 숙이고 다니던 아이가 고개를 들고 목소리가 커진 모습을 볼 때 제게는 가장 보람 있는 순간이었습니다. 아이들이 각자 보이는 흥미에 따라 직업을 결정할지는 알 수 없는 일입니다. 무엇보다 아이들이 체험활동을 통해 꿈을 꾸기 시작했다는 점이 중요하다고 생각했습니다.

부모로서 욕심을 갖고 살펴봐서 그런지 몰라도 사실 아이들의 체험활동은 그냥 노는 것처럼 보이기도 합니다. 그런 활동들이 어떻게 창의력을 기르는 데 도움을 준다는 건가요?

아이들은 유희왕이니 디지몬과 같이 자신이 좋아하는 만화, 게임의 캐릭터와 특성을 완벽하게 알고 있습니다. 해리포터에 빠진 아이들은 수십 가지나 되는 주문을 자신이 마법사가 된양 외웁니다. 여기에서 그치지 않고 자기들끼리 새로운 규칙이나 놀이를 만들어내기도 합니다. 놀이에 빠져 있는 아이를 보는 부모님들께서는 걱정도 되고 화도 나시겠지만 이것이 바로 창의력이 발현되는 과정입니다. 어떤 것에 대한 아이의 깊은 관심과 자발성이 창의력을 이끌어내는 것입니다.

관심과 자발성을 교과서에서 배우는 것만으로는 부족합니다. 아이들은 다양한 활동을 하면서 얻는 경험으로 자신이 어디에 관심이 있는지 알게 되고, 그것은 자발적인 추가 학습으로 이어지게 됩니다. 경험과 활동이 중심이 돼 실천을 통한 학습이 이뤄지는 체험활동은 창의성 발현의 시작이 됩니다.

서울 문창초등학교 남성준 선생님이 하시는 말씀을 들어보면 놀이처럼 보이는 체험활동들이 어떻게 창의성으로 연결되는지 아실 것입니다.

2009년 교육과정이 개정되면서 도입된 '학교교육과정 자율화' 방안은 20% 범위 내에서 수업시수를 늘이거나 줄여서 운영할 수 있도록 허용했습니다. 우리 학교는 이 방안을 활용해 음악교육에 힘쓰고 있습니다. 학년별로 악기를 하나씩 정해주고 연간 30시간씩 교육해 학년이 올라갈 때마다 새로운 악기를 연주할 수 있도록 하고 있습니다. 물론 어떤 학생들은 잘 연주하고 어떤 아이들은 그렇지 못한 경우도 있습니다. 음악에 소질이 없는 아이가 스트레스를 받지는 않을까 걱정하시는 부모님도 계시는데요. 실제로는 해보지 않은 것을 경험한다는 것에서 즐거움을 느끼는 아이들이 절대 다수입니다.

2012년에는 목공예 교육도 시작했습니다. 망치질을 하는 아이들의 집중력이 대단합니다. 못 박는 모습을 보면서 아이가 뭔가 배우고 있는 것이 있구나 하고 느꼈습니다. 무언가에 몰두하고 있는 모습을 보면서 실습노작교육의 필요성을 깊이 공감하게 되었습니다.

학부모님들이 보시기에 별것 아닌 것처럼 여겨질 수 있지만 일상의 작은 경험들도 소중한 체험활동이 될 수 있습니다. 뭔가 거창하지는 않지만 연필을 깎는 것처럼 평소와 다른 상황에서 낯선 '문제'를 해결해보는 것, 그리고 그것을 실행하는 과정에서의 느낌 등이 창의적 체험활동의 핵심이 아닐까 합니다.

창의적 체험활동 때문에 공부를 안 하면 어쩌죠?

모든 선생님이 남성준 선생님처럼 아이들의 세세한 부분까지 신경 써주시면서 창의적 체험활동을 하게 한다면 정말 좋겠죠. 사실 학교 선생님들께서도 주입식 교육이 익숙한 세대인데, 정책이 바뀐다고 곧바로 창의적인 교육을 할 수 있는 것도 아니잖아요. 결국 체험활동을 직접 진행하는 선생님의 역할이 중요하다고 생각되는데요?

안타깝게도 정책과 현장 사이에는 시차가 있는 것이 사실입니다. 선생님들 사이에도 편차가 존재하기도 하고요. 이러한 시차와 편차를 줄이기 위해 선생님들로 구성된 교사연구회를 지원해 창의적 체험활동 수업모형을 개발해 보급하고 있습니다. 다양한 교육 훈련과 연수를 통해 선생님들의 창의성 교육 역량도 강화시키고 있습니다. 또 잘하는 학교를 창의교육 모델학교로 지정해 재정적인 지원과 함께 각종 워크숍을 개최하거나 필요한 컨설팅을 받을 수 있도록 하고 홍보자료 제작 등도 지원하고 있습니다. 모범적인 모델학교의 사례가 다른 학교로 빨리 확산되도록 최선을 다하고 있습니다.

모범 사례로 뽑힌 학교나 선생님들께서 하시는 프로그램을 그대로 다른 선생님과 공유해 다른 학교에서도 똑같이 하면 되지 않을까요?

앞서 말씀드렸듯이 창의교육은 학생들 개인의 소질과 적성을 발견하게 만들어주고 창의력을 키울 수 있도록 하는 것입니다. 여기에 전제돼 있는 것이 '다양성'입니다. 같은 반에서 공부하고 있는 학생이라도 서로 다른 관심과 재능을 갖고 있듯이 같은 초등학교라도 학교의 특성이나 지역적 환경은 다르게 마련입니다. 이처럼 다른 상황에 놓여 있는 학교에서 창의성을 위해 모두 똑같은 교육을 한다면 그것은 창의성 교육이 아니라 과거와 같은 획일적 교육이 되는 것입니다. 획일적 교육으로 창의적 인재를 길러내겠다는 것은 모순이겠죠.

아무리 창의력을 키워준다고 해도 창의력은 측정해서 보여줄 수 있는 성격이 아니어서 마치 노는 것처럼 보이는 인상을 지울 수가 없어요. 대학에 들어가기 위해 예전에는 학력고사를 치렀었는데 수능시험으로 바뀌면서 수능 1세대 학생들의 학력 저하 현상이 나타났다는 이야기를 들은 적이 있어요. 아이가 창의적 체험활동을 하다가 이와 비슷한 현상이 나타나는 건 아닐까 걱정이 됩니다. 정작 공부를 뒷전으로 미룰까 우려스러운 마음이 앞섭니다.

부모님들께서 보시기에 아이들이 교실에 앉아 있는 시간은 줄어들고 학교 밖에서 하는 활동이 많아졌으니 충분히 그런 걱정을 하실 수 있다고 생각합니다. 체험활동을 하는 동안에는 책상에 앉아 있거나 교과서를 읽는 건 아니니까요. 그렇다고 배움과 전혀 관계없는 일이라고 말할 수는 없습니다. 교과 연계 활동의 경우에는 짧은 시간의 체험활동을 통해서도 교과와 관련된 깊은 지식을 체득할 수 있습니다. 체험활동을 통해 배우게 된 지식은 교과서로 배운 것보다 더 오래 기억하고 더 빨리 원리를 파악하게 되니까요.

어찌 됐건 학습량이 줄어드는 것 아닌가요?

창의성이 중요하다고 해서 지식이 필요 없다는 뜻은 아닙니다. '하늘 아래 새로운 것은 없다'는 말처럼 이미 나와 있는 지식이라고 해서 배우지 않는다면 새로운 것을 창조해낼 수 없습니다. 기존의 것에 새로운 요소를 더하거나 다른 시각으로 재구성할 때 창의적인 결과물이 나오는 것입니다. 기초학력이 없는 창의적 인재란 존재할 수 없습니다.

따라서 초등학교 6학년, 중학교 3학년, 고등학교 2학년을 대상으로 한 학업성취도평가를 함께 시행하고 있습니다. 학교급별 평가 과목은 초등학교는 국어, 영어, 수학이고 중학교는 국어, 영어, 수학, 사회, 과학이며 고등학교는 국어, 영어, 수학으로 과목별로 미달학생이 얼마나 나오는지를 점검합니다. 각 학교도 기초학력이 부족한 학생에게 더 많은 관심을 가질 수 있게 되는 것이지요. 시행 초기였던 2008년 7.2%였던 기초학력 미달학생 비율이 2009년 4.5%, 2010년 3.7%, 2011년에는 2.6%로 점차 줄어들고 있습니다.

일부 학부모님들께서는 창의교육을 한다면서 왜 일제고사인 학업성취도평가는 치르느냐며 비판을 하기도 합니다. 창의성은 제멋대로 발휘하는 상상력이 아닙니다. 기본적인 지식과 기초학력이 갖춰져야 더 높은 수준의 창의력이 생깁니다. 자유롭고 엉뚱한 상상력이 모두가 공감할 수 있는 기본 토대 위에서 발현될 때 비로소 창의성이라 부를 수 있습니다.

사람은 모든 분야에서 창의력을 발휘할 수 없습니다. 다양한 분야에서 고른 지식을 쌓고 자기 분야에 대한 깊은 이해가 있어야만 창의력을 발휘하게 되는 것이지요. 과거 교육이 지식의 양을 늘리는 데만 치중했다면 새로운 교육은 지식의 깊이와 그로 인한 창의력 향상에 초점을 맞추고 있습니다.

창의력을 키우려면 가정에서 무엇을 해야 할까요?

듣고 보니 창의력은 학습에도 많은 도움을 주는 것 같습니다. 그래서 더욱 아이의 미래를 위해 창의력을 키워주고 싶은데요. 학교에서 하는 활동 외에 창의력을 더 빠르게 잘 향상시킬 수 있는 방법은 없을까요? 창의력을 길러주는 데 도움이 되는 학원이 있다면 어떤 곳인가요?

대개 아이들은 학원에서 문제를 쉽고 빠르게 푸는 방법을 배우게 됩니다. 선생님이 문제를 푸는 방법을 그대로 배우는 것이죠. 곧 주입식, 암기식 학습이라는 뜻입니다. 아이의 특성에 맞게 나름대로 새롭고 독창적인 방식으로 문제를 풀어가는 능력을 키워주자는 것이 바로 창의교육의 목표입니다. 그렇게 생각하면 정반대의 교육을 하고 있는 곳이 학원이라는 뜻인데요. 아이의 창의력을 키워주는 것이 아니라 오히려 창의력을 떨어뜨릴 수 있습니다.

그렇다면 집에서는 해줄 것이 없는 건가요? 우리 부모들은 창의교육을 따로 받지는 않았어요. 지금 부모가 공부를 해서 아이에게 창의교육을 한다고 해도 선생님조차 쉽게 되지 않는다는 창의교육을 제대로 할 수 있을까요?

학교에서 하는 창의교육보다 가정에서 하는 것이 훨씬 중요합니다. 창의력은 책을 통해 배우기도 하지만 창의성이 발휘되는 경험의 누적이 무엇보다 중요합니다. 쉽지는 않지만 뭔가 특별한 교육을 받아야 하는 건 아닙니다. 어른들은 간단하게 해결하는 일상생활의 문제인데도 아이는 끙끙거리며 해결하지 못하는 일들이 많습니다. 그럴 때 부모님들은 답답한 마음에 대신 해주거나 해결법을 알려주기 쉬운데요. 아이가 스스로 해결할 때까지 기다려주는 것이 좋습니다. 비록 아이가 찾아낸 해답이 부모님이 알고 있는 방법보다 불편하거나 느릴지라도 새로운 문제해결 방식이라고 인정해주고 지원하는 분위기를 만들어주세요. 또한 아이에게 결과가 중요한 게 아니라고 말해주고 해결해가는 과정과 노력을 더 칭찬해주시면 됩니다.

교육과학기술부와 각 학교에서도 노력하고는 있지만 아이들에게 충분한 체험활동을 제공하고 있다고는 볼 수 없습니다. 가급적 다양한 체험을 할 수 있도록 가정에서도 적극적으로 지원해주시면 창의력의 원천이랄 수 있는 호기심과 흥미가 더욱 늘어날 것입니다. 체험한 이후 아이가 스스로 기록하고 관리하도록 하는 습관을 길러주는 것이 좋습니다. 이러한 습관은 중학교에 진학했을 때 학생 스스로 자신의 창의적 체험활동을 에듀팟에 기록하는 데도 도움이 됩니다.

에듀팟www.edupot.go.kr은 중·고등학생이 자신의 체험활동 과정과 결과를 기록해 추후 상급학교에 진학할 때 참고자료 등으로 활용할 수 있도록 하기 위해 교육과학기술부에서 운영하고 있는 체험활동 지원 시스템입니다. 선생님은 학교 교육과정 운영 결과와 에듀팟 등을 근거로 해 학생의 창의적 체험활동을 학교생활기록부에 기록해 관리하고 있습니다. 교육과학기술부에서는 선생님과 학생들이 사용하기 편리하도록 에듀팟과 나이스 간 통합연계 사업을 추진하고 있으며 2013년 정식으로 서비스를 제공할 예정입니다.

이제 조금은 창의적 체험활동이 무엇인지 알 것 같아요. 그런데 항상 창의교육이라고 하지 않고 '창의·인성교육'이라고 하는데, 왜 그런가요? 우리 아이는 착해서 따로 인성교육을 할 필요가 없을 것 같은데 말입니다.

잘 알고 계시듯이 최근 학교폭력 문제가 심각한 지경에 이르렀습니다. 폭력을 견디다 못해 아이들이 자살하는 일도 발생하고 있습니다. 이러한 문제가 발생하는 근본적 원인은 다른 사람을 배려하고 공감하는 능력이 부족하기 때문입니다. 폭력을 저지른 학생들 중 상당수가 "장난으로 한 일"이라고 말하는 것 역시 공감 능력의 부족에서 그 원인을 찾을 수 있습니다.

흔히 인성은 '착하다'는 뜻으로 사용되기도 하는데, 좀 더 폭넓은 개념을 갖고 있습니다. 사회성공감·소통, 도덕성정직·책임, 감성긍정·자율이 잘 어우러져야 훌륭한 인성이 만들어집니다. 단순히 착하다는 뜻을 넘어선 거죠. 인성은 자신에 대한 긍정과 자율이 함께 공존하고 있어서 부당한 폭력을 당했을 때 그것을 이겨낼 힘이 될 수 있는 것입니다. 자신을 긍정적으로 생각하는 아이는 폭력을 당해도 쉽게 좌절하지 않고 해결할 방법을 스스로 찾을 수 있습니다. 좀

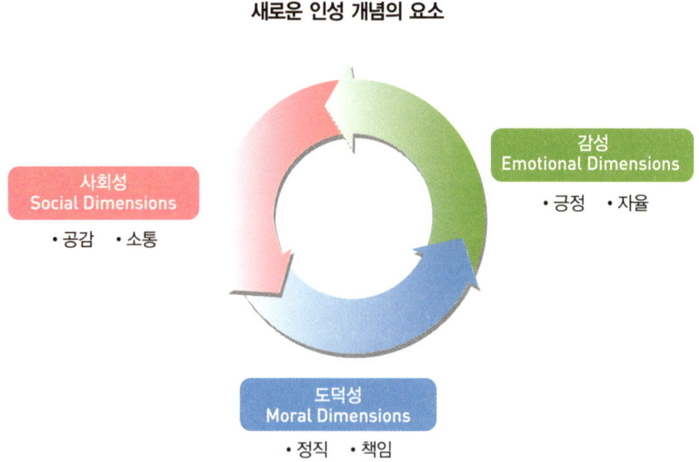

더 멀리 내다보면 폭력을 행사하는 사람의 입장에서 공감하는 것도 가능하다고 생각합니다.

이제 왜 창의적 체험활동에 창의와 인성이 함께 붙어있는지 설명을 드리겠습니다. 인성은 책상에 앉아서 개념부터 필요성에 이르기까지 달달 외운다고 생기는 것이 아닙니다. 친구들과 어울리면서 많은 경험을 해야만 이해의 폭도 넓어지고 공감하며 소통하는 힘 등과 같은 정서적 능력이 길러집니다. 머리가 아니라 몸으로 조금씩 체득해나가는 것입니다.

최근 많은 기업이 인성을 갖춘 인재를 찾고 있습니다. 기업은 구성원이 함께 협력해서 가치를 창출해야 합니다. 인성이 부족한 사람은 아무리 다른 능력이 뛰어나더라도 협업을 제대로 못하기 때문에 전체로 보면 전혀 도움이 되지 않는다는 겁니다. 미국 애플의 창립자인 스티브 잡스도 "우리의 사업에서 혼자 할 수 있는 일은 더 이상 없습니다. 이제는 팀을 만들어야 합니다"라고 말한 바 있습니다.

인성교육은 다른 사람에 대한 배려와 공감을 할 줄 아는 사람, 사회에서 좋은 팀워크를 이뤄 인재로 인정받을 수 있는 사람을 길러냅니다. 무엇보다 중요한 것은 스스로 행복한 삶을 살 수 있는 정서적 역량을 가지도록 한다는 점입니다.

인성교육은 '4장 학교폭력'에서 더 자세히 다루도록 하겠습니다.

교육기부 www.teachforkorea.go.kr

교육과학기술부가 기업, 대학, 공공 기관 등에서 제공하는 다양한 교육 기부 정보를 제공하기 위해 운영하는 교육기부 전문 사이트. 여기서는 교육기부 등록과 이용 신청이 가능하다. 관심 있는 전문 분야에 대한 강의나 실습, 진로 체험, 멘토링 등 다양한 프로그램이 제공되고 있어서 창의적 체험활동에 매우 유용하다.

꿈다락 토요문화학교 www.facebook.com/toyoschool

문화체육관광부와 한국문화예술교육진흥원이 마련한 프로그램. '나의 비밀스런 꿈의 아지트, 꿈다락'은 16개 시·도에서 어린이와 청소년의 꿈을 키워주기 위해 진행되는 무료 문화예술교육 프로그램이다. 주5일 수업제가 전면 시행되면서 일부 프로그램은 경쟁률이 4대1을 넘길 정도로 토요 여가활동으로 반응이 좋다. 공식 페이스북에서는 지역별 프로그램을 확인할 수 있다.

필통톡 Point

- 창의력은 미래 사회를 책임질 아이들 모두에게 필요한 능력으로 기초학력의 바탕 위에 발현되는 것이다.

- 창의적 체험활동은 직접적인 경험을 통해 창의성과 인성을 키우는 중요한 활동이다.

- 창의적 체험활동은 자율활동, 동아리활동, 봉사활동, 진로활동으로 이뤄져 있다.

- 초등학교의 진로활동은 진로개발 역량의 기초를 배양하는 것이 목적이다. 아이들이 여러 직업에 관심을 보이는 것은 자연스러운 과정이므로 이를 지원하고 격려해줘야 한다.

- 가정에서는 결과보다 과정과 노력을 칭찬해주도록 한다.

- 인성은 행복하게 살 수 있는 전인적 역량이다.

02

맞벌이 부부의 자녀는
방과 후 어디로 가야 할까요?

"오늘도 어김없이 학원에 가기 싫다는 아이와 한 차례 실랑이를 벌였다. 시간이 빠듯할 때는 막 학교에서 돌아온 아이를 현관문 앞에 세워두고 학원 가방으로 바꿔 들려 보내기도 한다. 아이를 위해서라면 무엇이든 해주고 싶은 것이 부모의 마음이다. 경제적인 부담도 무시할 수 없다. 솔직히 보내지 않아도 된다고 하면 아이를 학원에 보내고 싶지 않다. 하지만 다른 아이들보다 뒤처질 수는 없다. 학원 상담선생님은 어릴 때부터 기초를 잡아줘야 하기 때문에 학원에 다니는 것이 도움이 된다고 말한다. 반면 교육전문가들은 사교육이 오히려 아이들이 학습하는 데 나쁜 영향을 미친다고 말한다. 도대체 아이를 위해 어느 쪽을 선택해야 하는 것일까."

학원에서 선행학습을 하면 훨씬 좋지 않나요?

사교육이 아이들의 학습에 좋지 않다는 교육전문가들의 말을 들어보면 항상 맞는 이야기 같아요. 하지만 들을 때는 그렇구나 싶다가도 생각해 보면 현실과 너무 동떨어져 있어요. 솔직히 교육과학기술부가 학원에 보내라고 하기는 어려우니까 늘 학원에 보내는 것이 좋지 않다고 이야기하는 것 아닐까요?

학교교육이 좋은 방향으로 점차 변화해가는 과정에 있다는 말씀은 자신 있게 드릴 수 있지만, 부족한 점이 없다고 할 수는 없겠습니다. 여전히 모든 학부모님들을 흡족하게 해드리지 못하고 있습니다. 발표되는 정책에 대한 학교 현장에서의 변화도 더디다고 느끼셨으리라 생각합니다. 하지만 학교교육이 부족하다고 해서 학원이 그에 대한 대안이 될 수는 없습니다.

학원이 학교교육의 대안이 될 수 없는 근본적인 이유는 교육의 목표가 다르기 때문입니다. 학교교육은 학생의 잠재능력을 이끌어내고 키우고자 하는 반면에 학원은 시험 성적을 올리려는 데만 신경을 씁니다. 사실 시험을 잘 치르게 하는 방법은 의외로 단순합니다. 쉽게 문제를 풀 수 있는 요령을 알려주고 비슷한 출제유형을 반복적으로 풀도록 하는 것입니다. 선생님들이 시험 범위 내에서 낼 수 있는 문제는 한계가 있기 마련입니다. 학원에서 축적한 기출문제집 등과 같은 소위 '족보'를 활용해 계속 풀도록 하면 성적은 자연히 올라갑니다.

성적이 올라가면 일단 부모님들께선 한시름을 더시겠죠. 그렇지만 장기적으로 보면 이것은 자녀에게 나쁜 영향을 미칩니다. 우선 앞에서 말씀드린 창의성에 엄청난 악영향을 미칩니다. 쉽게 외울 수 있고 빨리 풀 수 있는 방법을 알려주면 학생들은 더 이상 생각을 하지 않게 됩니다. 주어진 공식에 대입만 하는 것입니다. 이러한 공부법은 대학에 가면 난관에 부딪히고 맙니다. 무엇을 어떻게 공부해야 할지 모르는 대학생이 되는 것입니다.

한국개발연구원 김희삼 박사의 2010년 「학업성취도, 진학 및 노동시장 성과에 대한 사교육의 효과분석」 연구 결과를 보면 사교육의 악영향을 확인할 수 있습니다. 고등학생, 대학생, 사회인을 각각 혼자 공부하는 시간이 거의 없는 A그룹과 하루에 두 시간씩 혼자 공부하는 B그룹, 두 그룹으로 나누어 성적을 비교해봤습니다. 혼자 공부하는 시간을 가졌던 B그룹은 수능 성적이 전국에서 7만 등이 올랐고, 대학 학점 백분 점수는 3.5점 올랐다고 합니다. 시간당 임금도 7.8% 많아졌다고 합니다. 사교육을 받았던 A그룹은 어떨까요? 월 100만 원의 사교육비를 지출한 학생은 사교육을 받지 않은 학생에 비해 수능 성적은 전국 4등이 올랐고 나머지 연구 대상에서는 대학 학점이나 임금 상승효과가 없었다고 합니다.

사교육은 해당 과목, 더 나아가 공부 전체에 대한 흥미를 떨어뜨립니다. 하기 싫은 공부를 억지로 하고 원리를 이해하지 않고 푸는 방법만 외우기 때문입니다. 학생들은 끙끙거리며 자기 스스로 해답을 찾아냈을 때 성취감을 느끼는 동시에 공부의 즐거움을 알게 됩니다. 학원의 부작용은 아이들을 '공부 구경꾼으로 만든다'는 말로 종합할 수 있겠습니다.

국어, 영어, 수학처럼 중요한 과목들은 학원에서 선행교습을 받으면 학교 수업시간에 이해하기도 수월해 아이의 실력을 키워주는 데 도움이 되지 않을까요? 처음 배우는 또래 아이들보다 훨씬 나은 방법이라고 생각되는데요.

물론 예습은 좋은 학습습관입니다. 적절한 수준의 예습은 수업에 대한 흥미와 집중도를 높입니다. 미리 교과서를 읽다보면 이해가 되지 않는 부분이 생기고, 나아가 교과서에서 다루지 않은 부분에 대한 호기심도 생깁니다. 그런 호기심을 갖고 있으면 집중력 있게 수업을 듣게 되죠. 그 이후에 '직후 복습'이라는 가장 효과적인 공부를 하면 됩니다. 이것이 공부의 자연스러운 방향입니다. 학원의 선행교습은 이와는 조금 다릅니다. 흥미와 호기심이 생길 틈을 주지 않습니다. 곧바로 답을 알려주기 때문입니다.

독일의 심리학자 에빙하우스는 망각으로부터 기억을 지켜내기 위한 가장 효과적인 방법이 복습이라는 연구 결과를 발표했습니다. 그의 연구 결과에 따르면 학습한 내용을 10분 후에 1차 복습하면 1일 동안 기억되고, 1일 후 2차 복습하면 1주 동안 유지되며, 1주 후 3차 복습하면 한 달 동안, 한 달 후 4차 복습하면 6개월 이상 장기간 기억할 수 있다는 것입니다. 배운 내용을 바로 되짚어가며 복습을 하면 온전히 자신의 것으로 지식을 소화할 수 있는 것입니다.

학원은 학생들의 능력을 키워주는 곳이 아닙니다. '국어 시험 문제'를 푸는 실력은 늘게 하더라도 '언어 능력'은 오히려 떨어뜨

에빙하우스의 망각 곡선

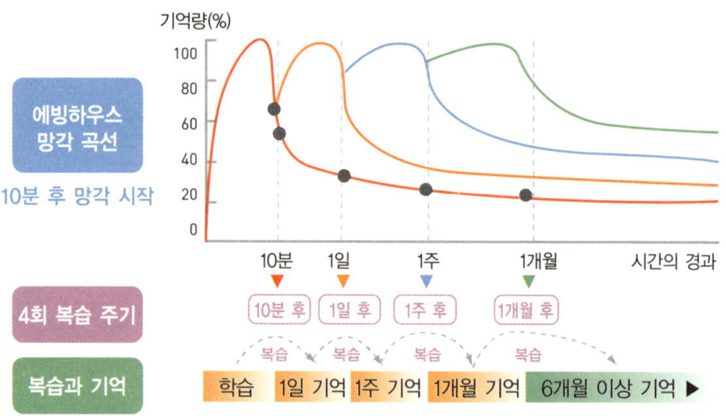

립니다. '수학 시험 문제'를 푸는 실력은 늘게 하지만 '논리적이고 체계적인 사고 능력'은 오히려 떨어뜨립니다.

진짜 실력은 답을 찾아가는 과정에서 향상되고 공부의 재미도 그러한 과정을 거치면서 느낄 수 있습니다. 창의력도 마찬가지입니다. 새로운 것을 만들어내려면 다른 사람이 찾아놓은 답을 암기하는 데 익숙해져서는 안 됩니다. 쉽게 답을 얻는 데 길들여진 사람은 아는 것은 많더라도 능력이 없는 인재가 되기 쉽습니다.

무한한 창의력과 상상력의 나래를 펼쳐야 할 시기에 지나친 선행학습으로 인해 아이들은 다양한 취미활동과 여가생활, 독서를 통한 깨달음의 기회를 잃고 진도 경쟁과 속도 경쟁에 매달리고 있습니다. 부모님들께서는 아이들이 학습 연령과 학교 진도에 맞는 제철 학습을 할 수 있도록 도와주시는 것이 바람직합니다. 제 학년에 맞게 자신이 소화할 수 있는 만큼의 분량만 꼼꼼하게 익혀나갈 수 있다면 어느 새 아이의 눈에는 호기심이 가득 차게 되고 미래 사회를 주도할 창의적 인재로 성장할 것입니다. 당장 성적을 올리기보다는 호기심을 가지고 스스로 답을 찾아가는 힘을 길러주는 것이 자녀의 미래를 위한 현명한 선택이라고 생각합니다.

최근 '선행학습 없는 바른교육 만들기 공모전'에 수기를 보내온 이은숙 학부모님께서는 성적이 성과는 아니라는 사실을 이제는 믿을 수 있게 됐다며, 두 아이의 얼굴에서 묻어나오는 웃음이 바로 그 성과라고 하셨습니다. 이 어머니의 딸은 여섯 살에 한자검

증 자격증을 따고 초등학교 2학년엔 4학년 수학문제를 풀었다고
합니다. 스스로 '선행학습 전도사'였다고 할 만큼 선행학습의 효과
를 믿었던 분이 이제는 아이에게 선행학습을 시키지 않는다고 하
십니다. 다음의 수기를 보면 어떤 변화가 이 가정에 일어났는지 동
감하실 수 있습니다.

발단은 책이었다. 딸아이가 7개월이 됐을 때 방문 판매원의 말에 혹해 비
싼 책을 구입했다. 내 아이를 영재로 만들어주고 천재로도 만들어주는 책
이라니 안 살 수가 없었다. 책을 읽어주고 아이가 하나하나 배워가는 것에
희열을 느꼈다.

아이가 영재가 아닌가 하는 착각에 빠져 살았다. 세 살 때 한글을 시작해
네 살에는 줄줄 읽는 것이 신기했다. 그래서 학습지를 이용해가며 선행학
습을 시작했다. 학원 선생님들의 끝없는 칭찬, 주위 엄마들의 부러움을 사
면서 나는 점점 선행학습 전도사가 되어 갔다.

큰아이에게서 선행학습 효과를 본 나는 둘째 아이에게도 똑같이 선행학습
을 시켰다. 아이들이 힘들어해도 채찍과 당근을 주며 하루하루 할당량을
채우게 했다. 초등학교에 입학한 아이는 학교수업이 너무 쉽다고 하고, 너
무 빨리 푸니까 늦게 푸는 친구들을 보면 짜증이 난다고 했다. 선생님이
묻기도 전에 답을 말하기도 했다. 학교보다 학원이 더 재미있다는 딸, 학
원을 끊는다고 하면 울어버리는 딸, 아이도 나처럼 선행학습에 길들여져
있었다. 그렇게 시간이 지나 큰아이가 초등학교 2학년이 됐다.

어느 날 TV에서 엄마를 살해한 고등학교 3학년의 이야기를 보게 됐다. 보
는 내내 울었다. 아이를 때리지만 않을 뿐 나와 살해당한 엄마가 다를 게

무언가 싶었다. '아이가 행복하지 않는 삶, 엄마만 행복한 삶'을 강요하고 있었던 것이다. 뒤통수를 얻어맞은 것처럼 순간 어지러웠다. 혼자 많이 반성하고 아이에게 주도권을 주자고 결심했다. 내가 집착을 버려야 할 때라고 느꼈다.

아이들에게 원하는 공부만 하라고 했더니 '예상대로' 각각 과학과 독서 프로그램을 선택했다. 나는 얼마나 멍청한 엄마인가. 아이들이 원하는 것을 알고 있으면서도 8년 동안 귀를 닫고 눈을 감고 있었던 것이다. 그러고서 모두 아이를 위한 것이라며 국어, 수학, 일본어, 영어, 한자, 이런 선행학습만 시켜온 것이다.

그 후 아이들의 얼굴에 웃음이 많아졌다. 선행학습을 하지 않는다는 이유 하나로 아이들은 일상생활에서의 피곤함이 줄었고, 나와는 사이가 좋아졌다. 나는 퇴근시간을 앞당겨 5시면 집에 들어와 아이들을 기다린다. 그런 후 놀이터로 직행한다. 돈은 덜 벌지만 아이들과 보내는 시간이 더 중요하다. 학습지를 정리하고 다높이 2.0경기도 사이버 가정학습 사이트와 EBS, 엄마표 학습지를 활용해 아이들에게 맞는 교육을 하려고 한다. 진도가 중요한 것이 아니라 어떻게 해나가는가와 같은 과정이 중요하다는 것을 깨달았기에 예전에는 '빨리빨리' 가르치던 것을 지금은 '또박또박' 가르친다.

2주에 한 번 도서관에서 책을 빌려 보는 것도 우리 가족의 큰 즐거움이다. 책을 읽다가 재미있는 부분이 나오면 꼭 설명해주러 오는 아이들의 목소리에 흥분이 섞여 있다. 선행학습을 할 때는 기죽어 있던 목소리와는 전혀 다르다. 선행학습에 찌들어 있을 때와는 180도 다른 모습이다. 아이들은 학교생활이 즐겁다고 말하고 그 말을 듣는 나도 즐겁다.

다른 아이들도 학원에 다니는데 우리 아이만 안 다닐 수 있나요?

> 아이가 스스로 안 하니까 학원에 보내는 거죠. 혼자 잘하고 있다면 학원에 왜 보내겠어요? 학교수업만으로도 충분하다면 좋겠지만 억지로 시켜도 안 하는 공부를 그냥 놔둔다고 해서 아이들이 하겠어요?

아이들은 원래 책상에 앉아 공부하기보다는 뛰어놀기를 좋아합니다. 아이들의 특성과 상관없이 부모님께서 학원에 앉혀놓고 공부를 시키는 것도 어릴 때부터 공부하는 습관을 길러주기 위한 것이라고 생각합니다. 그런데 이 경우 아이가 아예 공부하기를 싫어하게 되는 부작용을 낳습니다. 그러다보니 '몇 시간을 공부하면 게임을 몇 분 하게 해준다'는 식이 되거나 '성적이 몇 점 오르면 선물을 사주겠다'며 공부하는 것을 놓고 아이와 협상하는 지경에 이르기도 합니다. 그런 일이 지속되면 "너 좋으라고 그러지, 엄마 좋으라고 그러니?"라는 말이 자신도 모르게 튀어나오게 됩니다.

아이는 뛰어놀기를 좋아하기도 하지만 한편으로는 왕성한 탐구심과 스스로 공부할 수 있는 힘도 가지고 있습니다. 어쩌면 아이에게 그러한 탐구심을 발현할 충분한 기회와 적절한 도움이 부족했던 것은 아닐까요.

2010년에 사교육 절감형 창의경영학교로 지정된 부산분포초등학교 조경순 교장선생님의 말씀을 들어보시면 자녀에게 스스로 공부할 수 있는 기회를 주는 것이 얼마나 중요한지를 아시게 될 것입니다.

들여다보지 않고서는 알 수 없습니다. 즉 나 자신을 알지 못하고서는 자기가 무엇을 좋아하는지, 잘하는지를 알 수 없다는 겁니다. 이것이 바로 우리 아이를 학원으로 내몰아서는 안 되는 이유입니다.

자기주도학습은 새삼스러운 말이 아닙니다. 이전에도 우리 세대가 이런 용어를 쓰지 않았을뿐 스스로 공부하면서 그 방법을 자연스럽게 터득하지 않았습니까. 아이들도 자신이 하는 공부의 주인이 돼 스스로 계획을 세우고 전략을 짜고 실천하고 점검하는 연습이 필요합니다. 우리 아이를 믿으십시오. 3개월 동안만이라도 믿고 지켜보며 격려해주세요. 염려하던 부모님들의 생각이 달라지실 겁니다. 우리 아이가 매사에 적극적으로 자라기를 바라신다면 또래끼리 어울려 하고 싶은 것을 함께하는 자율동아리 활동 기회를 많이 주십시오. 그러면 누에가 뽕잎을 먹고 비단실이라는 전혀 다른 가치를 만들어내듯이 앞으로 여러분의 자녀도 저마다 가지고 있는 남다른 소질과 영재성을 충분히 발휘하는 멋진 모습으로 자기계발을 훌륭히 해나갈 것입니다.

아이가 스스로 문제를 해결하는 힘을 기르면 좋겠죠. 그렇다고 해도 성적이 바닥을 기는 아이를 그대로 내버려 둘 수는 없잖아요. 그런 데다 옆집 아이는 학원에 다니고부터 성적이 올라갔다고 하는데 어느 부모가 그냥 보고만 있을 수 있겠어요?

얼마 전 사교육에 대한 학부모님들의 생각을 볼 수 있는 흥미로운 설문조사 결과를 봤습니다. 대부분의 학부모님들께서 '사교육이 보편화돼 있어서 참여하지 않으면 불안하다'는 답변을 하셨다고 합니다. 용기를 내 학원에 보내지 않다가도 성적이 좀 떨어지면 덜컥 겁이 나고 불안해지는 것이 부모의 마음입니다. 초등학교 때부터 뒤처지면 자신감을 상실한 아이가 영영 공부와 멀어질 것만 같고, 막상 나중에 공부를 하려고 할 때에는 기초가 없어서 따라잡지 못할 것 같습니다.

일단 학원에 다니기 시작했다면 성적이 떨어질까 봐 끊지 못한다고 하십니다. 실제로 한두 달 학원을 보내지 않으면 성적에서 바로 학원에 다니지 않은 표시가 나기도 합니다. 이것이 흔히들 말하는 '사교육의 악순환'입니다. 쉽지는 않겠지만 부모님께서 긴 안목을 갖고 바라보는 용기가 필요하다고 생각합니다. 무엇보다 자녀가 스스로 공부할 수 있는 역량을 키워주는 것이 중요합니다. 부족한 과목의 경우 학원보다는 방과후학교를 이용하는 것이 도움이 될 것이라고 생각합니다.

이미 아시고 계시겠지만 방과후학교는 부족한 과목을 다시 듣거나 좋아하는 특기를 살릴 수 있도록 학교에서 운영되는 프로그램입니다. 학원보다 수강료가 저렴하다는 장점도 있지만 무엇보다 교육의 근본 목적에 충실한 수업이라는 것이 가장 큰 강점입니다.

방과후학교는 학원보다 질이 떨어지는 것은 아닐까요?

사교육에 대한 수요를 학교로 돌리겠다는 취지로 방과후학교를 하고 있는 것으로 알고 있습니다. 방과후학교는 어떤 곳이며, 또 어떻게 운영되는지 자세히 알려주세요.

방과후학교는 말 그대로 방과 후에 새롭게 열리는 학교입니다. 학교수업이 끝나면 부리나케 학원으로 달려가야 했던 아이들에게 여러 가지 수업을 제공함으로써 사교육비 지출을 줄이고, 나아가 경제수준에 따른 교육격차를 해소하자는 뜻에서 시작됐습니다.

방과후학교는 크게 특기적성 프로그램, 교과 관련 프로그램, 돌봄 프로그램으로 구성됩니다. 특기적성 프로그램은 피아노, 바이올린, 미술, 컴퓨터, 체육활동 등으로 이뤄져 있습니다. 교과 관련 프로그램은 국어, 영어, 수학, 과학, 교과 패키지 등 교과의 심화·보충 학습이 가능한 프로그램들로 구성됩니다. 마지막으로 돌봄 프로그램은 저학년 아동을 대상으로 한 방과 후 프로그램으로 이뤄져 있습니다.

2012년 4월 기준으로 99.9%의 학교에서 방과후학교를 운영하고 있고 학생 참여율은 71.9%에 이릅니다. 이들 중 60.9%가 교과 프로그램에 참여하고 있으며 나머지는 특기적성 프로그램에 참여하고 있습니다.

방과후학교 시행을 두고 일부에서는 '학교의 학원화'가 아니냐며 비판하는 목소리가 나오기도 했습니다. 정규 수업 외의 수업이라는 점만 보면 그렇게 볼 수도 있지만 수업방식은 학원과는 완전히 다릅니다. 학부모의 불안 심리를 바탕으로 학생의 흥미를 떨어뜨리는 선행교습을 위주로 하는 학원과 달리 방과후학교에서는 교육 과정과 연계해 학생의 자기주도적 학습을 유도하는 것을 기본으로 합니다. 답만 많이 아는 공부 구경꾼이 아니라 스스로 답을 찾아가는 공부의 주인이 되도록 하는 것입니다.

솔직히 수업의 질이 의심스러워요. 보통 학교수업과 크게 다르지 않을 것 같은데, 그것만으로 학원에 다니는 아이들을 따라갈 수 있을까요?

많은 학부모님께서 방과후학교가 학원에 비해 질이 떨어질 거라고 생각하십니다. 하지만 2011년 학업성취도평가 결과를 보면 방과후학교에 참여한 학생이 그렇지 않은 학생에 비해 학력 향상도가 높은 것으로 나타났습니다. 이런 효과가 알려지면서 방과후학교 참여율은 꾸준히 증가하고 있습니다.

방과후학교에 만족하시는 학부모님들도 많으신데요. 초등학교 2학년 자녀를 두신 한 학부모님은 "1년 동안 사교육 없이 학교에 다닐 수 있었다"고 말씀하셨습니다. 연극 수업을 듣는 학생의 학부모님도 "처음 생각했던 것 이상으로 좋은지 아이가 재미있는 이야기를 집에서도 많이 한다”고도 하십니다.

　폐교 위기에 놓였던 학교를 방과후학교 프로그램이 되살린 사례도 있습니다. 충남 논산에 있는 도산초등학교는 2009년 당시 전교생은 37명이 전부였고 신입생은 매년 줄어들고 있었습니다. 폐교 대상 학교로 선정돼 70여 년을 이어온 학교의 명맥이 끊길 위기에 놓여 있었습니다. 그랬던 도산초등학교는 2009년 학교를 살리겠다는 학교장의 의지에 교사, 학부모, 지역 사회가 동참하면서 변화의 계기를 맞게 됐습니다. 이 과정에서 특히 주목을 끈 것이 다음에 소개할 도산초등학교의 방과후학교입니다.

도산초등학교는 ‘산골 속 명품학교 만들기’라는 목표 아래 건강 UP 프로젝트, 감성 UP 프로젝트, 실력 UP 프로젝트, 창의 UP 프로젝트, 나눔 UP 프로젝트를 시행했습니다.

건강 UP 프로젝트는 학생들의 건강을 위해 마련한 프로그램입니다. 축구를 비롯해 당시에는 보편화돼 있지 않던 골프, 승마, 발레, 벨리댄스 등을 방과후학교 프로그램에 도입했습니다. 특히 축구는 전 국가대표 선수를 방과후학교 강사로 영입해 아이들에게 기본 기술을 가르치고 매주 리그전도 개최했습니다. 리그전은 학교에 활력을 불어넣고 각 학급이 화합하는 계기가 됐다고 합니다.

실력 UP 프로젝트는 학생들의 학력 신장 및 창의적인 사고력 신장을 위해 도입됐습니다. 교과 학습 부진학생을 위한 기초다짐이반, 보통 학력 이상의 학생을 위한 생각지킴이반, 우수학생을 위한 배움나눔이반으로 방과후학교를 구성해 수준별 학습이 가능하도록 했습니다. 이를 통해 부진학생들은 기본 학력을 다지고 기본 학력 이상의 학생들은 보통 학력 이상으로 향상되는 효과를 봤습니다.

이뿐만 아니라 6학년 학생들의 국어, 수학, 영어 과목 학력 증진을 위해 'All in' 프로젝트를 운영했는데 이 시간에는 학습부진 학생들을 집중적으로 지도해 기초 학력을 신장시켰습니다. 이외에도 도산초등학교는 검도, 중국어, 원어민 영어, 한국화, 피아노 등 다양한 강좌를 무료로 학생들에게 제공함으로써 '산골 속 명품학교'로 거듭나게 됐습니다.

이 같은 소식은 곧 인근 지역으로 퍼져나갔고 급기야는 도산초등학교로 전입하는 학생 수가 늘면서 각종 신문과 방송에 소개되기도 했습니다. 2012년 현재 도산초등학교의 학생 수는 137명으로 2009년보다 100명이 늘었으며 이 학교로 입학하고 싶다는 문의 전화도 부쩍 많아졌습니다.

방과후학교 포털시스템 www.afterschool.go.kr

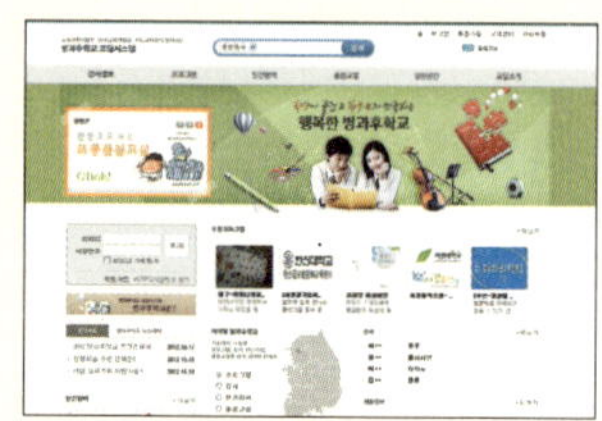

교육과학기술부가 방과후학교 정보를 종합적으로 제공하기 위해 운영하는 포털사이트. 방과후학교 포털사이트는 전국 시·도교육청 단위로 흩어져 있는 방과후학교 관련 정보를 한곳에 모아 제공하는 공간이다. 교육과학기술부, 시·도교육청, 단위학교 등에서 인증한 추천 강사, 추천 프로그램 정보가 제공되며 돌봄교실 및 지역아동센터의 위치정보를 지도와 함께 제공한다. 삼성 드림클래스 등과 같은 교육기부 단체와 언론기관 및 대학주도 예비사회적기업이 참여하는 민간 참여 방과후학교 프로그램도 소개하고 있다. 학생과 학부모가 관심 있는 과목별, 주제별, 지역별 등 조건을 설정해 원하는 정보를 맞춤형으로 검색해볼 수 있으며 가장 가까운 돌봄교실도 찾아볼 수 있다.

●초등돌봄교실

아이가 방과 후에 혼자 여기저기를 헤매는 것은 맞벌이 부모님들의 가장 큰 걱정거리. 이러한 학부모님들을 위해 교육과학기술부가 '초등돌봄교실'을 운영한다. 돌봄교실은 세 가지 종류로 나뉜다. '아침돌봄교실'은 아침 6시 30분부터 학교 일과가 시작되는 9시까지 돌봄교실 프로그램간식 제공을 제공한다. '오후돌봄교실'은 정규수업이 종료된 후부터 오후 5시까지 운영된다. '야간돌봄교실'은 오후 5시부터 저녁 9시까지 운영되는 프로그램석식 제공이다. 현재까지 전국 약 7,080여 개의 초등돌봄교실이 운영 중이며 2013년에는 7,400개 교실로 확대될 예정이다. '엄마품온종일돌봄교실'은 오전 6시 30분부터 오후 10시까지 운영되며 2013년에는 2,000개 교실로 확대된다. 돌봄교실은 담임선생님과 상의해서 신청하면 된다.

- 학원은 아이를 '공부 구경꾼'으로 만든다. '국어 시험 문제'를 푸는 실력은 키워주지만 '언어 능력'은 오히려 떨어뜨릴 수 있다.

- 당장의 성적보다는 스스로 답을 찾아가는 힘을 길러줘야 한다.

- 아이가 스스로 공부할 수 있는 기회를 주고 격려하면 스스로 공부하는 힘을 발휘하게 된다.

- 방과후학교는 아이들이 스스로 부족한 학교 수업을 보완하고, 친구들과 함께 다양한 예체능 활동을 즐길 수 있도록 한다.

- 방과후학교는 학원보다 자기주도적인 학습을 하도록 교육하기 때문에 결과적으로 향상된 학업성취를 얻을 수 있다.

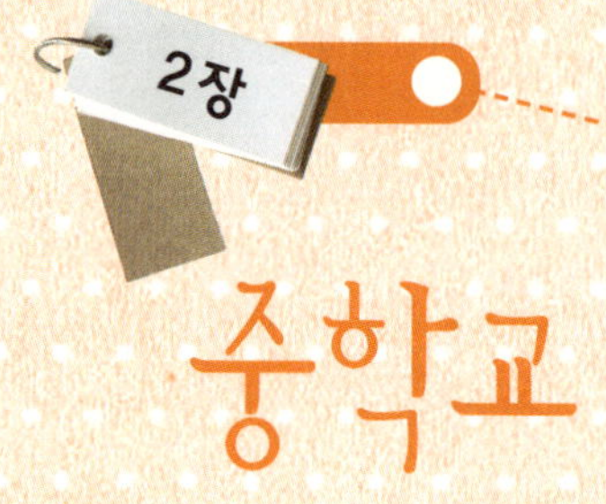

중학교

글로벌 지식정보화 시대를 살아갈 우리 아이들은 '잘 아는 사람'보다 '아는 방법을 잘 아는 인재'가 돼야 하는 것입니다. 그러려면 학생 때부터 주도적으로 지식을 습득하는 훈련을 해야 합니다. 이것이 자기주도학습이 필요한 이유입니다. 자기주도학습은 단순히 스스로 학습한다는 의미를 넘어 학습목표 설정, 계획, 실행, 평가에 이르는 모든 과정을 학생이 주도하는 것입니다.

－2012. 5. 3 서울 필통톡에서

자녀의 꿈이 무엇인지 찾아가는 시기

"처음으로 아이가 교복을 입고 등교한 때가 생각난다. 이제 어린이에서 청소년이 됐다는 생각이 들면서 기특하고 고마웠다. 그런데 한편으로는 걱정도 많이 됐다. 학교생활에 잘 적응할 수 있을지, 성적은 어떻게 될지, 본격적으로 공부에 매진해야 할 텐데……. 아이가 초등학생이었을 때와는 또 다른 걱정이다. 유치원에 다닐 때까지만 해도 혹시 우리 아이가 천재는 아닐까 하는 생각을 종종 했었다. 초등학교를 거치면서 그런 생각을 더 이상 하지 않게 됐지만 여전히 아이에 대한 기대는 크다. 부담이 될까 봐 내색하지 않으려고 노력하지만 은연중에 말이나 행동으로 드러나게 된다. 나의 큰 기대 때문인지 중학교 2학년이 되면서부터 성적 문제로 아이와 갈등을 일으키는 일이 잦아졌다. 공부 이야기를 좀 하려고 하면 벌써 눈치 채고 짜증부터 내는 아이를 보면서 혹시 엇나가는 건 아닐까 싶어서 말을 꺼내기도 점점 어려워진다."

벌써부터 어린이의 모습을 벗어가고 있는 자녀는 더 이상 부모님이 하라는 대로만 움직이지 않죠. 부모님 품에서 멀어져 가는 자녀이지만, 오히려 초등학생 때보다 챙겨줘야 할 것이 더 많아 부모님의 마음은 더 조급해지실 겁니다. 요즘은 중학교 때부터 진로에 대한 고민도 해야 한다고 하고, 초등학교와는 다른 학습 분량과 제도에 적응도 해야 하고, 선택한 진로에 맞게 고등학교를 선택하고 준비해야 한다는 부담감도 있습니다. 부모님 세대와는 다른 중학교의 모습에 부모님께서 먼저 적응하셔야 하는 부분도 있습니다.

2장에서는 중학교에서 어떻게 자신의 미래를 만들어 가는지, 어떻게 학습 방향을 잡아야 하고 고등학교를 준비해야 하는지, 평가 제도는 어떤지에 대해 이야기를 나누려고 합니다. 자녀와 차근차근 이야기를 해보며 현명하게 자신만의 학습 방법과 적성을 찾아가는 데 도움이 될 수 있을 것입니다.

좋아하는 것을 찾아야 할까요,
잘하는 것을 찾아야 할까요?

"'공부를 잘해야 선택의 폭이 넓어진다.' 진로를 고민하다보면 이렇게 결론이 날 때가 많다. 하나라도 똑 부러지게 잘하든지, 잘하지는 못해도 정말 좋아하는 게 있든지 하면 좀 걱정이 덜 할 것 같다. 어떤 고등학교를 가느냐에 따라 삶의 방향이 달라질 수 있다는 생각에 굉장히 조심스럽다. 이런 부모의 마음을 아는지 모르는지……. 어떤 때는 제 나름대로 고민을 하는 듯도 한데, 대부분 별 생각 없이 지내는 것 같아 화가 나기도 한다. 붙잡고 이야기라도 좀 하려고 들면 여지없이 사춘기라는 점을 각인시키듯 짜증을 낸다. 어떻게 하면 아이가 자기에게 맞는 진로를 찾을 수 있을까."

고등학교에 가서 진로를 정해도 늦지 않을 텐데요?

우리 아이는 이제 겨우 열 몇 살밖에 안 됐습니다. 초등학생 때도 그렇고 중학생 때도 학교와 학원에 다니는 것이 버거운 아이입니다. 이런 아이에게 진로까지 결정하라고 하는 건 너무 하는 건 아닌지 싶어요. 고등학교에 가서 결정해도 늦지 않을 것 같은데 왜들 이렇게 진로교육을 강조하는 건가요?

한 중학생이 스무 살이 되면 프로스포츠 선수가 되기로 결심했습니다. 모든 운동선수는 기초체력이 좋아야 하니까 아침부터 저녁까지 열심히 운동을 해 체력을 단련했습니다. 몇 년 동안 하루도 거르지 않고 운동을 해서 고등학교 3학년이 돼서는 체력만큼은 어느 누구에게도 뒤지지 않는 정도가 됐습니다. 자, 이제 이 아이는 어떤 스포츠 종목을 선택해야 할까요?

조금 쉽게 설명 드리기 위해 앞뒤가 맞지 않는 가정을 해봤습니다. 이 아이가 먼저 해야 할 일은 여러 종목을 경험하는 것이었습니다. 축구도 해보고, 야구도 해보고, 농구도 해보고, 활시위도 당겨봐야 어떤 종목을 할 때 즐거운지, 어떤 종목에 재능이 있는지를 알 수 있습니다. 이것만으로는 부족하죠. 각 종목에 유리한 체격 조건도 있는데, 이것을 학생이 알기엔 어렵습니다. 축구 감독, 야구 감독 등 전문가의 조언을 얻어야 합니다. 만약 박지성 선수가 중학교 시절에 농구 선수가 되겠다고 했다면 체육선생님은 아마도 다른 종목을 권했을 것입니다.

우리 아이는 미래의 어느 시점에 다다르면 직업인이 됩니다. 직업인이 됐을 때 가장 행복을 느낄 때라면 하고 싶은 일을 하면서 자신의 재능을 맘껏 발휘할 때이겠죠. 하고 싶은 일과 자신의 재능은 그냥 알게 되는 것이 아닙니다. 교과서만으로도 알기가 어렵습니다. 대학에 가고 나이가 든다고 해서 자연스럽게 알게 되는 것도 아닙니다. 어릴 때부터 다양한 직업을 탐색하고 체험해봐야 알 수 있는 것입니다. 축구, 야구, 농구를 해보듯이 말입니다.

이런 이유로 진로교육을 강조하는 것입니다. 그렇다고 해서 당장 진로를 선택해야 한다는 의미는 아닙니다. 중학교 단계에서는 진로를 선택하기 위해 자신이 무엇을 좋아하고, 자신이 어디에 재능이 있는지를 알아가는 과정입니다. 스스로에 대한 탐색의 기간이라고 해도 좋겠습니다.

스스로를 알아가는 것도 좋고 자신에게 맞는 진로를 탐색하는 것도 좋죠. 대개 아이들은 흥미 있는 뭔가를 찾았다가도 시간이 좀 지나면 시들해지는 일이 많잖아요. 그렇다면 지금 진로교육을 하는 게 무슨 의미가 있나 싶어요. 그럴 바에야 차라리 그 시간에 공부를 해서 성적을 올려두면 나중에 선택할 수 있는 폭이 좀 더 넓어질 것 아니에요?

먼저 초등학교 교사를 양성하는 교육대학교 학생들의 이야기를 해보겠습니다. 교사는 직업선호도 1위이고 그러기 때문에 교육대학교의 커트라인은 높습니다. 교육대학교에 입학한 학생들은 고등학교 때 성적이 좋았던 학생들이죠. 높은 경쟁률을 뚫고 합격한 이 학생들이 정작 대학에 가서 방황하는 경우가 많습니다. 선생님이라는 직업을 막연하게 동경했을 수도 있고, 부모님께서 추천을 해줬을지도 모릅니다. 그런데 막상 관련 공부를 해보니 적성에 맞지 않을 뿐더러 흥미도 생기지 않는 것입니다.

이는 교육대학교 학생만의 문제가 아닙니다. 2012년 한국대학신문에서 전국 대학생을 상대로 한 의식조사에서 '진로를 바꾸고 싶다'고 답한 대학생이 52%에 달했다고 합니다. 매년 꽤 많은 신입생이 자퇴를 합니다. 흔히 말하는 '더 좋은 대학'에 가기 위해 자퇴하는 경우도 있지만 학과가 맞지 않아서 그만두는 경우도 많다고 합니다. 대학에서 방황을 한다면 차라리 다행일 수 있습니다. 대학을 졸업한 뒤에도 갈 길을 정하지 못하는 사람들이 많습니다. 이렇게 취업이 어려운 시기에 대기업 입사에 성공한 신입사원들도 그중 30%가 1년 안에 스스로 그만둔다는 통계가 있습니다.

앞서 말씀드렸듯이 중학교 때는 여러 직업을 탐색하는 시기입니다. 대부분의 아이들은 여러 직업에 흥미를 보이면서 자랍니다. 부모님께서 보시기에는 시간을 낭비하는 듯 보일 수도 있고 방황하는 듯 보일 수도 있지만, 아이들은 진로를 선택하는 기초체력을 키우고 있는 중입니다. 공부에도 기초 학력이 필요한 것처럼 진로를 선택하는 데도 기초적인 능력이 필요합니다.

자신이 어떤 일을 할 때 즐겁고 몰입하게 되는지를 경험해보지 못한 아이는 진로를 선택할 때도 피상적일 수밖에 없습니다. 책이나 텔레비전으로 볼 때는 멋져 보이던 것이 실제로 현장에서 경험해보면 전혀 다르게 느껴질 수도 있고, 간접 경험에서는 찾을 수 없었던 새로운 매력을 발견하게 되기도 하니까요. 제대로 된 선택을 할 능력이 없다면 선택의 폭이 넓다는 것은 의미가 없다고 할 수 있습니다.

아이에게 하고 싶은 일이 있고 어떤 지식과 능력이 필요한지를 알면 시키지 않아도 스스로 공부를 합니다. 성적을 높여 진로를 선택하는 것보다 선택한 진로로 가기 위해 하는 공부이니만큼 진짜 공부가 아닐까요? 스스로 동기를 가지고 공부를 하게 된다면 끊임없이 배워야 하는 세상에서 평생학습을 할 수 있는 역량을 가지게 되는 것입니다.

학교에서 하는 진로교육은 어떤 것인가요?

진로를 탐색해야 한다는 데는 동의합니다. 그런데 당장 아이가 어떤 고등학교에 가야 할지부터 정해야 합니다. 아이의 경우 자기가 무엇을 잘 먼저 소개해드릴 것은 진로와 직접적인 관련이 있는 진로 체험활동입니다. 이 활동은 학교별로 이뤄지며 미래에 학생들이 일하게 될 여러 기관이나 기업을 방문해 무슨 일을 어떻게 하는지, 그 일이 자신에게 맞는지를 알아보는 것입니다. 중학교를 다니는 3년 중에 한 번은 실시하도록 의무화하고 있습니다. 교육과학기술부는 학생들의 다양한 진로 체험을 위해 기업, 단체, 대학, 공공기관 등과 '교육기부' 협약을 맺었습니다. 교육기부 협약을 맺은 단체는 학생들을 위해 강의도 하고 실습 장소도 제공합니다.

덧붙여 말씀드리면 교육기부는 학교뿐 아니라 학부모님께서도 참여 신청을 하실 수 있습니다. 교육기부 사이트에 접속하시면 교육기부에 참여하고 있는 곳에 대해 알 수 있고 참여 방법도 안내받을 수 있습니다. 개인 자격으로 기부를 하실 수도 있습니다. 이밖에도 시 · 도별로 진로 상담, 진로 검사, 진로 특강 등으로 구성된 진로 캠프나 진로교육 박람회 등도 운영하고 있으므로 언제 열리는지 정보를 알아서 참가해보는 것이 좋습니다. 진로 체험활동의 다양한 유형은 다음에 나오는 표를 통해 확인하실 수 있습니다.

진로 체험 유형 및 활동 내용

유형	활동 내용
현장견학형	• 진로교육을 목적으로 학생들이 기업이나 박물관, 공공기관 등을 견학해 정보를 수집하고 나의 직업이나 진로와 어떤 연관성이 있는지를 알아보고 보고서를 작성하는 학습활동
현장체험형	• 직업 현장체험을 통해 폭넓은 직업 탐색의 기회 및 직업 세계에서 요구하는 기초적인 지식이나 기술 학습 기회 제공 예) 대학 학과(직업) 체험, 특성화고를 활용한 직업 체험, 기관 및 기업체에서 직업 체험, 직장에서 1일(4시간) 이상 근무 등
콜로키아형 (프로젝트형)	• 다양한 직업군을 만나 면담, 체험 등을 통해 진로 인식 및 진로 탐색을 할 수 있는 기회 제공 예) 학생 자신이 희망하는 직업군을 선택해 주말, 방학 등을 이용한 '직업 알기 프로젝트' 수행
강연형(대화형)	• 기업 CEO, 재직자, 전문가 등 각 분야 직업인들의 강연을 청강해 이를 통해 직업과 인생에 대해 깊이 있는 이해를 도모함 • 시청각 자료 활용 시간을 통해 다양한 직업군에 대해 알 수 있는 기회를 가질 수 있도록 함
캠프형	• 특정 장소에서 단기간에 진로교육을 위한 프로그램을 집중적으로 운영하는 것(1일 6시간 이상 운영)
1교1사형	• 학생에게 다양한 진로교육의 기회를 제공할 수 있도록 1교1사(1校1社) 추진 • 기업이 학생을 대상으로 진로 체험, 학습 지원, 복지 제공, 채용 등이 가능하도록 협약

다음으로는 진로진학상담교사의 배치입니다. 학생들에게 국어를 가르치려면 전문 지식이 있어야 하듯이 진로 역시 마찬가지입니다. 진로진학상담교사는 '진로교육'을 전문으로 하는 선생님입니다. 2012년 현재 전국 중·고등학교의 55% 학교에 배치돼 있고

2013년에는 84%까지 확대할 예정입니다. 2014년엔 모든 중·고등학교에 진로진학상담교사를 배치할 예정입니다. 이 부분에 대해선 뒤에서 다시 설명 드리겠습니다.

진로교육은 진로진학상담교사만의 일이 아니므로 다른 교과 선생님들의 진로교육 연수를 확대하고, 수업시간에도 교과 내용과 관련해 자연스러운 진로교육이 될 수 있도록 하고 있습니다. 예를 들어 국어 교과 시간에 '시'에 대해 공부를 하면 시인이란 직업과 시인이 갖춰야 할 소양 등을 동시에 다루는 방식이죠.

진로진학상담교사는 우리가 학교에 다닐 때에는 없던 제도라서 생소합니다. 구체적으로 어떤 일을 하시는 분인가요?

대부분의 학부모님들께서는 아마도 고등학교 3학년 때 처음이자 마지막으로 진로 상담을 받으셨을 것입니다. 당시 진로 상담에는 학생의 모의고사 성적, 각 대학의 커트라인 그리고 30센티미터 자만 있으면 됐습니다. 상담 내용도 '이 성적으로 이 대학의 어느 학과에 합격할 수 있느냐'는 것이 전부였습니다. 그러다보니 진로의 주인공인 학생의 소질, 적성은 외면받기 일쑤였습니다.

진로진학상담교사의 역할은 학생들이 진로의 주인공이 되도록 하는 것입니다. 학생들이 각자의 소질과 적성에 맞는 꿈을 찾고 스스로 삶을 설계할 수 있도록 이끌어주는 것이죠. 진로진학상담교사는 '진로와 직업'이라는 교과목을 맡아 주당 10시간 이내의 수업을 합니다. 이뿐만 아니라 진로 체험활동이나 진로교육과정을 기획하는 일도 하죠. 학교에서 진로·진학에 대한 모든 업무를 담당한다고 보면 되겠습니다.

진로진학상담교사의 핵심 역량이 발휘되는 분야는 아무래도 상담이 아닐까 싶은데요. 성적, 커트라인, 30센티미터 자 대신에 직업흥미검사, 가치관검사, 적성검사 등을 분석해서 각 학생에게 맞는 상담을 해주고 있습니다. 실제로 진로 상담이 이뤄지고 있는 것이죠. 수업 태도가 엉망이던 학생이 상담을 통해 진로가 정해지고 난 후 변화되는 모습을 보였다는 사례들이 많습니다. 어디로 가야 할지 모르던 학생이 목표가 정해지니까 방황을 끝낸 것이라고 보고 있습니다.

학생과 진로진학상담교사의 상담 내용은 기본적으로는 비밀입니다. 하지만 담임선생님과 협력해서 해결해야 할 문제가 있을 때는 학생의 동의하에 상담 내용을 공유할 수 있습니다. 학부모님들께서도 자녀의 진로와 관련된 고민이 있을 때는 진로진학상담교사에게 상담을 요청할 수 있습니다. 학부모님 세대의 부모님들은 자녀가 잘못을 저질러서 '부모님을 모시고 오라'는 말을 들었을 때 학교에 오셨습니다. 이제는 적극적으로 학교를 찾아와 상의해야 하는 시대가 됐습니다. 필요할 경우 '이러이러한 체험활동을 해달라'고 요구하실 수도 있습니다.

앞에서 말씀드린 직업흥미검사, 가치관검사, 적성검사 등은 커리어넷www.career.go.kr에서 하고 있습니다. 학부모님들께서도 회원가입만 하면 진로검사, 직업정보 등의 서비스를 무료로 이용할 수 있습니다.

진로진학상담교사가 계시는 것도 좋고 검사 자료를 바탕으로 상담을 해 주는 것도 좋아요. 하지만 3년 동안 한 번 의무적으로 하도록 한 진로 체험활동만으로 아이가 다양한 체험을 할 수 있을지가 의문입니다.

창의적 체험활동이라고 들어보셨을 겁니다자세한 내용은 1장 초등학교 부분에 있습니다. 영역별로 보면 자율활동, 동아리활동, 봉사활동, 진로활동이 있습니다. 진로활동은 직장을 방문하는 등의 활동으로 직접적인 진로교육이 이뤄집니다. 다른 활동들도 이와 마찬가지로 일상적인 진로 체험활동에 해당될 수 있습니다.

예를 들어 동아리활동에서 도자기를 배우는 학생들이 있다고 해보죠. 다들 도자기에 관심이 있지만 세부적으로 들여다보면 차이가 있습니다. 어떤 학생은 손끝 감각이 좋아서 도자기 모양을 예쁘게 만듭니다. 또 어떤 학생은 그림을 잘 그려넣습니다. 또 한쪽에서는 흙이 불을 만나면 왜 단단해질까 하는 호기심을 갖고 있는 학생도 있고, 도자기를 만드는 데는 소질이 없지만 친구들의 작품을 전시하는 일에 탁월한 재주를 보여줄 수도 있습니다. 하나의 동아리활동으로 각자 다른 재능을 발견하고 발휘하는 것입니다. '아, 나는 전시를 기획하고 진행할 때 즐겁구나' 하고 학생이 깨달았다면 이보다 좋은 진로교육은 없을 것이라고 생각합니다.

아이가 꿈을 가질 수 있게 하려면 무엇을 해줘야 할까요?

아이의 장래희망을 들어보면 저희 때와는 많이 다르더라고요. 마찬가지로 지금 열심히 진로를 탐색해도 나중에 아이가 사회에 진출할 때에는 직업 세계가 많이 달라져 있지 않을까요? 어떻게 미리 진로를 생각하고 교육할 수 있나요?

미래의 직업 세계는 분명히 지금과 많이 다른 모습을 하고 있을 것입니다. 하지만 새로운 직업이라고 해서 갑자기 나타나는 건 아닙니다. 기존의 직업에 새로운 업무 영역이 포함되거나, 하나의 직업이 세분화되면서 새로운 형태의 직업으로 나타나는 경우가 많습니다. 따라서 아이가 변화하는 직업 세계를 이해할 수 있도록 다양한 정보와 체험을 제공하는 것이 무엇보다 중요합니다.

교육과학기술부는 다양한 직업 정보 제공을 위해 '미래의 직업 세계'를 발간해 보급하고, 스마트폰으로도 손쉽게 직업에 대한 정보를 검색할 수 있도록 애플리케이션도 개발 중입니다.

또한 교육과학기술부에서 출간한 도서 『나의 꿈을 찾아 떠나는 신나는 직업 여행』과 커리어넷을 통해 40여 종의 직업 소개 동영상 등 다양한 진로교육 자료를 활용하실 수 있습니다.

> **누구네 집 아무개는 한쪽으로 유별난 재능이 있어서 그걸 확실히 밀어준다고 합니다. 또 다른 집 아무개는 반대로 꿈이 많아서 탈이라고 합니다. 그런데 우리 아이는 꿈이 없습니다. 이러다가 다른 아이보다 뒤처지는 건 아닌지 부모로서는 막막하고 답답하기만 합니다. 어떻게 하면 아이에게 꿈을 찾아줄 수 있을까요?**

실제로 현장에 계신 선생님들의 말씀을 들어보면 꿈이 없다고 말하는 아이가 많다고 합니다. 단정 지어 말할 수는 없지만 아이는 너무 바빠서 꿈을 꿀 충분한 시간이 없어서일 수도 있습니다. 보고 들은 것이 부족해서일 수도 있습니다. 그것도 아니라면 실패의 경험이 많아서 꿈꾸기를 두려워하는 것일 수도, 꿈은 있지만 부모님 마음에 들지 않을까 봐 말하지 않는 것일 수도 있습니다. 이럴 때는 "얼른 하나를 찾아서 매진하라"고 부모님이 채근하는 것은 전혀 도움이 되지 않습니다. 답답하고 불안하겠지만 그럴수록 여러 가지를 보여주고, 들려주고, 경험하도록 하면서 격려하며 느긋하게 기다려주는 여유가 필요합니다.

자녀의 가장 바람직한 미래는 '행복하게 사는 것'입니다. 모든 부모님이 이 말은 인정하실 겁니다. 행복하게 살려면 부모가 보기에 좋은 일이 아니라 자녀 스스로 즐거운 일을 해야 합니다. 급한 마음에 아이의 진로를 '찾아주려고' 하시기도 하는데, 진로는 누군가가 찾아주는 것이 아니라 아이 스스로 발견하는 것입니다.

자녀와 다양한 곳을 가보고 서로의 생각을 평등한 입장에서 이야기하는 것이 중요합니다. 부모로서 굉장히 어려운 일이시겠지만 자녀의 앞길을 열어준다는 생각보다는 지지자로서 함께 있어주려는 노력이 필요합니다. '어떻게 하면 꿈을 찾아줄 수 있을까?'라는 질문을 '아이가 자기 스스로 발견하도록 하기 위해 어떻게 도와줄 수 있을까?'라는 질문으로 바꿔보시면 더 쉽게 다가올 것이라고 생각합니다.

우리 아이는 연예인이 되고 싶다고 합니다. 부모 입장에선 그 꿈 말고 다른 꿈을 가졌으면 하죠. 다른 직업으로 아이의 관심을 유도할 수 있는 방법은 없을까요?

장래희망을 묻는 질문에 한 학생이 청소부라고 답했다고 합니다. 그 말을 들은 아이의 어머니는 등에 식은땀이 흘렀다고 합니다. 놀란 마음을 진정시키고 왜 청소부가 되고 싶냐고 물었더니 바다를 깨끗하게 하고 싶기 때문이라고 했답니다. 그 아이의 꿈을 직업으로 바꾸면 아마 환경공학자 정도가 되지 않을까 싶습니다. 어머니는 아이가 말한 청소부의 뜻을 알고서야 안도를 했는데 기분이 묘했다고 말씀하셨습니다. 왜 그런지 생각해봤더니 더 큰 꿈을 가져줘서 다행이라는 마음과, 어머니 스스로 청소부라는 직업에 편견이 있었음을 알게 됐기 때문에 그런 것 같다고 하셨습니다.

진로교육을 하면서 나올 수 있는 가장 큰 부작용은 아이에게 직업에 대한 편견을 심어주는 것입니다. 부모님들께서는 아이가 좀 더 큰 야망을 가졌으면 하죠. 꿈에 경중을 둬 "왜 그것밖에 생각을 못하느냐"며 질책하는 분도 있습니다. 부모님의 마음에 들든, 또는 들지 않더라도 "아, 그렇구나. 왜 그 일이 좋니? 그 일의 어떤 부분이 마음에 드니?"라는 질문으로 깊이 생각할 수 있도록 이끌어줘야 합니다.

집에서 진로 문제를 놓고 아이와 이야기하는 게 정말 힘들어요. 까딱하면 갈등으로 번지기 일쑤고요. 어떻게 하면 서로가 기분 상하지 않으면서 진로에 대해 이야기할 수 있을까요?

많은 부모님께서는 자신도 모르게 자녀의 진로 선택에 대한 심판관이 되려고 하십니다. 이미 부모님들께서 좋은 직업과 나쁜 직업에 대한 생각을 갖고 있어서 '우리 아이는 이런 일을 했으면 좋겠다'는 기대를 품고 계시기 때문이 아닐까 생각합니다. 자녀에게 직접적으로 "그 직업은 안 돼"라고 말씀하시는 부모님은 드물겠지만, 은연중에 실망감이나 걱정이 드러나게 되고 자녀도 금방 눈치를 챕니다. 갈등의 근본적인 원인은 거기에 있지 않을까 생각됩니다. 자녀는 부모님이 자신을 이해하지 못한다고 생각해 점점 소통의 문을 닫겠죠.

부모로서 자녀에 대해 기대를 품지 않기는 정말 어렵습니다. 하지만 진로의 결정은 본인 스스로 해야 합니다. 앞에서 끌어주려 하기보다 뒤에서 토닥여준다는 자세로 임하시는 것이 좋습니다. 어떤 부분이 걱정되는지를 물어보면서 자녀를 이해하는 것이 중요합니다. 그러면 자녀도 부모님이 무엇을 걱정하는지 들어줄 것입니다. 그때서야 비로소 갈등 없는 대화가 시작될 수 있습니다.

부모인 저희가 아는 분야라면 적극적으로 아이에게 도움을 줄 수 있겠지만 그렇지 않은 분야에 관심을 갖고 있을 때는 당황스럽습니다. 어떤 방법으로 그 꿈을 지원해줘야 하는지, 무엇을 어떻게 해줘야 할지 막막합니다.

부모님이 자녀의 관심 분야에 대해 잘 알면 같이 나눌 이야기가 있어서 좋은 점도 있겠지만, 항상 긍정적인 결과로 이어지는 것은 아닙니다. 자녀는 이제 관심을 가지기 시작하는 분야이고 아직은 막연한 동경 같은 것일 수 있습니다. 그런데 부모님께서 그 진로를 선택하려면 어떤 것들을 해야 한다고 강요하시면 자녀는 오히려 흥미를 잃을 수 있습니다. 설사 부모님께서 제시하신 방법이 옳다고 해도 말이죠.

진로전문가가 아닌 다음에야 대부분의 직업에 대해 모르는 것은 당연합니다. 그러니 당황하거나 미안해하지 마시고 자녀와 함께 알아가고, 함께 고민해주고, 자녀의 생각을 들어주시면 스스로 길을 찾아내고 거기에 필요한 능력을 쌓아가게 될 것입니다.

각 교육청에서 학부모님들을 대상으로 '진로교육 아카데미'를 상시 운영하고 있습니다. 부모의 역할, 자녀의 특성 이해, 직업 세계의 변화, 자녀와의 소통 등의 과정이 있으므로 도움이 되실 것입니다. '학부모 진로코치 양성 과정'을 이수하시면 진로 체험 및 캠프 도우미, 진로교육 강사 등의 자격으로 학교 진로활동에 직접 참여하실 수 있습니다. 매주 1회 발송하고 있는 학부모의 진로교육 안내를 위한 '드림레터'도 참고하시면 좋습니다.

또한 자녀가 학교의 진로진학상담교사를 적극적으로 찾아가서 상담과 조언을 얻을 수 있도록 격려해주십시오. 이를 통해 자녀가 관심 분야의 직업에 관한 정보를 얻고 미래를 위해 필요한 준비를 해나갈 수 있을 것입니다.

자신이 원하는 진로를 찾으려면 다양한 체험을 하는 게 중요하다고 하셨는데요. 이것저것 많이 경험하기만 하면 되나요? 가정에서 어떻게 도와줘야 할까요?

우리나라에는 약 1,500여 개의 직업이 있습니다. 이 모든 직업을 다 체험할 수는 없지만 가능한 한 다양하게 경험하는 것이 좋다는 말씀을 드리고 싶습니다. 다만 여기에는 조건이 있습니다. 언제나 자녀의 자발성이 기본이 돼야 한다는 것입니다.

어떤 부모님께서는 의욕이 앞선 나머지 매주 아이를 데리고 다니시는데 그러면 오히려 부작용이 생깁니다. 먼저 자녀에게 어떤 직업을 체험해보고 싶은지 물어보고 그것을 체험하도록 하는 것이 좋습니다. 만약 그런 게 없다고 하면 부모님께서 서너 개를 알아본 다음, 최종 선택은 자녀가 하도록 해주십시오. 그러면 최종적인 선택을 자신이 했다는 것 때문에 적극적인 태도가 됩니다.

체험을 하고 난 다음에는 어떤 활동이 가장 재미있고 행복했는지를 생각해보도록 질문을 이끌어주시고 자연스럽게 다른 사람과 그 체험에 대해 이야기해보는 시간을 갖도록 하는 것이 중요합니다.

어떤 고등학교를 선택해야 할지 고민입니다

우리 때와는 달리 고등학교 종류가 굉장히 많더군요. 처음 들어본 고등학교도 있고 입학 전형도 학교마다 달라서 그런지 뭐가 뭔지 모르겠어요. 왜 이렇게 학교의 종류가 많은 건가요? 각 학교에 대한 정보는 어떻게 얻을 수 있나요?

학생들의 진로가 대학입시로 획일화돼 있을 때는 소위 일류 고등학교와 이류, 삼류 고등학교라는 서열이 존재했습니다. 문제는 일류는 일류대로, 이류는 이류대로 학생들은 힘들고 불안했습니다. 서열을 매길 때 당연히 나타날 수밖에 없는 현상입니다.

고교를 다양화한 것은 서열로 줄을 세우는 교육이 아니라 학생들 각자가 자신의 적성과 재능을 살릴 수 있는 다양한 선택지를 제공하기 위해서입니다. 획일적인 교육환경에서 학창시절을 보낸 학부모님들께는 복잡하고 난해하게 느껴지실 수 있지만 학생들의 다양성을 학교교육에서 수용하기 위한 정책으로 이해해주세요. 이제는 좋은 고등학교가 아니라 학생 자신에게 맞는 고등학교를 찾아내는 것이 중요해진 것입니다. 따라서 고등학교를 선택할 때는 각 학교의 교과과정이 어떻게 구성돼 있는지를 조사하고 자녀에게 맞는 학교를 선택해야 합니다. 교육과학기술부의 고입정보포털www.hischool.go.kr에서 각 고등학교의 교과과정과 입학전형이 있으므로 참고하실 수 있습니다.

여기서는 간단하게 고등학교 유형 중심으로 설명 드리겠습니다. 전체적인 맥락을 파악하시고 자세한 각 학교의 전형이나 교과과정 내용은 고입정보포털을 통해 살펴보시면 됩니다.

고등학교의 유형은 크게 일반고, 특수목적고, 특성화고, 자율고로 나뉩니다. 자녀에게 맞는 교과과정을 운영하고 있는 학교를 선택해야 한다고 말씀드렸는데요. 학교 유형별로 학생들이 반드시 들어야 하는 수업의 필수이수단위는 다릅니다.

흔히 인문계고라고 불리는 일반고의 필수이수단위는 116단위 _{1단위는 매주 1교시의 수업을 하는 것}입니다. 모든 교과를 폭넓게 배우는 것이죠. 이에 비해 외국어고, 국제고, 과학고, 예술고, 체육고는 필수이수단위가 72단위입니다. 대신 각 학교의 교육 목적에 따라 전문교과를 80단위 이상 운영하고 있습니다. 요즘 인기 있는 마이스터고도 특목고에 포함됩니다. 특정 산업에 필요한 인재를 육성하는 학교로 교육과정을 자율적으로 운영하고 있습니다. 과거에 전문계고라고 불리던 특성화고 역시 특목고와 필수이수단위, 전문교과이수단위가 같습니다. 그 내용은 물론 다르지만요.

이제 자율고가 남았는데요. 자율고는 사립고와 공립고로 나뉩니다. 자율고는 이름 그대로 교육과정의 자율성이 많이 주어지는 학교입니다. 자율형 사립고는 58단위의 필수이수단위만 채우면 나머지 교과군별 이수단위에 대한 준수의무가 없습니다. 자율형 공립고의 필수이수단위는 72단위이고 교과군별로 이수단위의 50%를 증감해 운영할 수 있습니다.

고등학교 유형별 분류

학교		특징
일반고		• 인문계고 전국 1,299개교 • 자율성 부여 : 고교교육력 제고 시범교, 교과교실제교, 과학중점교, 영어중점교, 예술중점교, 체육중점교
특수목적고	과학고	• 자기주도학습전형, 과학창의성전형으로 선발 • 자연과학, 공학 전공 희망자에게 적합
	외국어고 국제고	• 자기주도학습전형으로 선발하고, 내신은 영어만 반영 • 외국어에 관심이 많고 국제 관련 직업을 꿈꾸는 학생에게 적합
	예술고 체육고	• 내신성적과 실기로 선발 • 전국에 예술고 29개교, 체육고 15개교
	마이스터고	• 내신성적, 인성, 면접 등을 반영한 특별전형 선발 • 맞춤형 전문 직업기술인 양성에 초점
특성화고		• 내신성적만으로 선발 • 전문직업인 양성을 위한 직업교육 또는 자연현장실습 등 체험 위주의 교육 실시
자율고	자율형 사립고	• 추첨 또는 시험 선발 • 건학 이념에 따라 다양하고 특성화된 교육과정 운영
	자율형 공립고	• 추첨 선발 • 교육과학기술부, 교육청 등의 예산을 추가 지원을 받아 교육력 제고, 다양한 교육과정 운영

모집시기별 고등학교 종류

학교	특징
전기	특수목적고등학교 과학고 · 외국어고 · 국제고 · 예술고 · 체육고 · 마이스터고, 자율형 사립고, 특성화고
후기	자율형 공립고등학교, 일반고등학교

※전기에는 전국에서 한 개 고등학교에만 지원할 수 있습니다.
※전기에 선발된 학생은 후기 전형에 응시할 수 없습니다.

드림레터

커리어넷 → 진로교육자료 → 자녀진로지도

2012년 3월부터 매주 꾸준히 발행되고 있는 교육과학기술부의 진로 정보지. 초등용, 중등용, 고등용이 따로 발행되고 있다. A4용지 2페이지가량의 '드림레터'는 교육과학기술부에서 제공하는 진로 관련 기본 내용에 학교별로 특화된 내용을 추가해서 학부모에게 전달된다. '미래의 직업세계' 코너에서는 학부모에게는 생소하지만 미래에 주목할 만한 직업을 소개한다. '자녀의 진로 고민'에서는 자녀 진로지도 요령이나 상담 사례를 Q&A 형식으로 제시한다. '이런 학과 궁금해요'는 인기 학과부터 이색 학과에 이르기까지 다양한 학과 탐방을 하는 코너다. '진로보물 창고' 코너는 자녀의 진로지도와 적성 찾기에 필요한 정보를 제공한다. 커리어넷이나 각 시·도교육청 홈페이지에도 올라와 있고, 학교 게시판이나 가정통신문으로 전달하는 학교도 있다.

- 진로의 선택은 미래의 행복한 삶을 준비하는 출발점이다.

- 자신에게 적합한 진로를 찾으려면 다양한 경험을 해야 한다.

- 진로 체험활동은 학생에게 진로와 직업에 대한 정보를 제공하고 많은 경험을 하게 한다.

- 진로에 관한 고민이 있을 때는 언제든지 진로진학상담교사에게 도움을 받을 수 있다.

- 자녀가 좋아하는 것을 발견하도록 도와주고, 지지해주고, 들어주는 것이 가정에서 할 수 있는 좋은 진로교육이다.

- 고등학교의 유형은 크게 일반고, 특수목적고, 특성화고, 자율고 네 가지로 나뉜다.

02

아이 스스로 하라는 것은
부모가 해야 한다는 것 아닌가요?

"성적이 좋은 것도 아니면서 아이가 학원에 다니기 싫다고 한다. 학원을 늘려도 시원치 않을 판에 다니지 않겠다니. '학원에 다녀도 성적이 안 오르는데 다 끊으면 어떻게 되겠니?'라는 말이 목구멍까지 올라오는 걸 겨우 참았다. 도대체 무슨 생각인가 싶어 "그럼 공부 안 할 거니?"라고 물었더니, 학교 도서관에서 자기 혼자 한번 공부해보겠단다. 공부 잘하는 친구들 중에 혼자 하는 아이들도 많다면서 말이다. '아, 그건 공부 잘하는 아이들 이야기지…….' 아이가 섭섭해할까 봐 말은 못하고 생각을 좀 해보자고 했다. 아이와 나는 아직 서로 눈치를 보면서 대치 중이다."

제일 하기 싫어하는 게 공부인데, 스스로 할 수 있나요?

요즘 자기주도학습이란 말을 많이 듣습니다. 말만 보면 '자기 스스로 공부한다'는 것이니까 공부는 원래 자기가 혼자 알아서 해야 한다는 거잖아요. 억지로 아이를 책상 앞에 앉혀 놓아도 마음이 딴 데 가 있으면 머리에 들어오는 건 하나도 없을 테니 걱정만 앞섭니다.

그렇습니다. 어떤 일을 하든 집중하지 않으면 시간만 낭비할 뿐입니다. 그렇다면 집중력을 최대한으로 올릴 수 있는 조건으로 무엇이 있을까요? 먼저 주위 환경을 떠올릴 수 있는데요. 일반적으로 정갈하고 조용한 곳에서 집중이 더 잘 된다는 사람이 많습니다. 경우에 따라서는 커피숍처럼 떠들썩한 곳을 선호하는 사람도 있죠. 그런데 조용한 곳이든 시끄러운 곳이든, 자기 방이든 독서실이든 집중력을 최대한으로 끌어올리려면 먼저 갖춰야 할 것이 있습니다. 누가 시켜서 하는 게 아니라 스스로 공부하고 있다는 '자기통제감'입니다.

학부모님들께서도 학창시절에 '이제 공부해야지' 하고 마음먹고 있는데 '공부 좀 해라'라는 말을 들으면 왠지 하기 싫어지는 경험을 하셨을 것입니다. 공부뿐만 아니라 다른 일도 마찬가지입니다. 누가 시켜서 억지로 하는 일은 집중도 되지 않고 재미도 없습니다. 사람은 자기가 하는 일에 대한 주도권을 갖고 있다고 느낄 때 집중력이 높아지고 즐거움도 느낍니다. 이것이 자기주도학습을 강조하는 이유입니다. 학생들이 자기통제감을 갖고 공부를 하도록 하자는 것이죠.

요즘 학생들은 수업이 끝나면 곧바로 학원으로 달려가야 합니다. 파김치가 돼 집에 온 후에는 밀린 학교와 학원 숙제를 해야 합니다. 자기 스스로 뭔가를 해볼 틈이 없는 것입니다.

집중해서 즐겁게 공부한다는 취지는 좋은데 효율성 면에선 걱정이 됩니다. 학원에 가면 같은 시간이라도 훨씬 더 많은 걸 배울 수 있지 않겠어요?

학원에서는 수학 문제를 빨리 푸는 방법을 알려줍니다. 암기해야 할 내용이 많은 과목은 쉽게 외울 수 있도록 정리도 해줍니다. 반면 학교 수업만 듣는 학생은 해야 할 일이 많습니다. 수학처럼 이해해야 하는 과목은 학교에서 선생님께 배운 원리를 이해하기 위해 골똘히 생각해야 합니다. 원리를 문제풀이에 적용시킬 수 있을 만큼 깊이 이해해야 하니까요. 암기해야 할 내용도 스스로 정리해야 합니다. 여기까지만 보면 분명 학원 공부가 효율적입니다.

하지만 장기적인 관점에선 달라집니다. 한 시간 동안 씨름한 끝에 못 풀던 수학 문제를 풀었던 학생은 응용문제를 만나도 당황하지 않습니다. 이렇게도 풀어보고 저렇게도 풀어보면서 원리를 확실히 이해했기 때문이죠. 암기할 내용 역시 마찬가지입니다. 스스로 암기할 내용을 정리한 학생은 이해의 폭이 깊습니다. 내용을 정리하려면 이해가 바탕이 돼야 하기 때문입니다. 국사 과목을 공부한다고 할 때 무조건 달달 외운 학생은 그 시대에 왜 그런 특징들이 나타났는지 이해하면서 외우는 학생보다 더 빨리 암기를 끝내지만 시간이 가면 대부분 잊어버립니다. 외우기만 한 것은 금방 잊어버리지만 이해하면서 외운 것은 오래 기억하니까요.

자기주도학습은 학교 공부를 하는 것에 그치지 않습니다. 앞에서 '장기적인 관점'이라고 한 것을 약 15년 후로 대폭 늘려보겠습니다. 지금 중학교 1학년 학생이 15년 후면 30세쯤 되겠군요. 그때쯤이면 중·고등학교 때 배웠던 지식은 상식으로만 존재하지 직장생활에는 거의 도움이 되지 않을 것입니다. 대학교 때 배웠던 것 역시 시간이 갈수록 효용가치가 떨어지게 됩니다. 새로운 지식들을 계속해서 배워야 하죠. 현대 사회는 단순히 배우기만 하는 것이 아니라 기존의 지식을 이용해 새로운 환경에 적응하고 이에 필요한 보다 진화된 지식을 창출할 것을 요구합니다.

학원에서 암기하기 쉽게 만들어 전달해주는 방식에 익숙해진 학생은 스스로 배우는 방법을 알지 못할 뿐 아니라 기존에 알고 있던 지식을 필요에 맞게 재해석하는 능력도 떨어집니다. 인스턴트 식품을 전자레인지로 데워 먹을 줄만 알지 신선한 재료로 요리하는 방법은 모르는 것과 같습니다. 그래서 '잘 아는 사람'보다

'아는 방법을 잘 아는 사람'을 현대사회에 맞는 인재라고 하는 것
입니다.

자기 혼자 할 수만 있다면 그것만큼 좋은 일이 어디 있겠어요? 하지만 교과 내용이 아이들이 공부하기에는 너무 어렵고, 부모가 설명해줄 수도 없으니 학원에 기대게 되는 것 아닌가요?

부모님께서는 자녀에게 자기주도학습을 권해볼까 하시다가도 '수학과 영어도 혼자 할 수 있을까?'라는 데 생각이 미치면 불안해지실 겁니다. 수학과 영어는 사교육 수요가 많은 과목이기도 합니다.

학교에서는 학업 난도가 버겁게 느껴지지 않도록 수업방식에 있어서 많은 노력을 합니다. 수학의 경우 공식과 문제 위주로 딱딱하게 구성되던 교과서에 실생활 소재와 스토리텔링 방식을 도입했습니다. 학생들이 수학적 개념과 원리를 보다 쉽고 재미있게 이해할 수 있도록 한 것입니다. 2013년에는 학생들이 부족한 수학 공부를 스스로 보충할 수 있도록 도와주는 자기주도 수학학습 지원 사이트EBSm를 열 예정입니다. 우선 중학교 1학년을 대상으로 제공한 이후에 다른 학년으로까지 확대할 계획입니다.

영어는 학생 중심, 의사소통 중심의 수업을 지향하고 있습니다. 또한 방과후학교, 자기주도학습 프로그램을 확대해 추진하고 있습니다. 특히 매일 말하기, 쓰기를 연습할 수 있는 프로그램을

EBS 영어교육방송 홈페이지에 구축해놓고 학생들이 자기주도 영어 학습이 가능하도록 하고 있습니다. 이런 프로그램을 적극 활용한다면 시간과 장소에 구애받지 않고 스스로 학습할 수 있는 환경을 마련할 수 있을 것입니다.

아이들이 스스로 공부하려면 학습 플래너가 필요할 텐데요. 어떻게 하면 아이가 자신의 수준과 능력에 맞게 학습 플래너를 잘 짤 수 있을까요? 플래너를 짤 때 부모가 도와줄 수 있는 부분에는 어떤 것이 있을까요?

본래 계획은 장기적인 목표에 따라 세우는 것입니다. 따라서 우선 자녀가 한 학기에 달성하고자 하는 학습목표가 있어야 합니다. 거기에 따라 먼저 월간 계획을 세우고, 그것에 따라 주간을, 그러고 난 후 하루의 계획을 세우는 방식으로 짜보는 것입니다.

계획의 원칙은 이렇지만 처음 해보는 아이들은 장기적인 계획을 세우는 것이 어렵습니다. 하루하루 바쁜 일정에 쫓겨 다니다가 장기적인 목표는 어느 새 잊어버리죠. 스스로 일정을 통제하기가 어려워집니다. 처음 계획을 세우는 아이들은 주간 계획을 세우고 그에 따라 일일 계획을 세우는 방법으로 시작하는 것이 좋습니다. 그것이 익숙해지면 월간으로, 학기별로 확장시켜나가면 됩니다.

학부모님들께서 도와주실 일은 자녀가 자신의 시간이 어떻게 흘러가고 있는지를 스스로 깨닫도록 하는 것입니다. 시간 관리는 자기주도학습의 중요한 포인트입니다. 주간 계획 혹은 일일 계획을 세우기 전 그 시간을 어떻게 보냈는지 스스로 점검해보도록 함으로써 비효율적으로 버려지는 시간을 아이 스스로 깨닫게 하는 과정이 필요합니다. 이때 채근하기보다는 자녀가 지난 며칠간 시간을 어떻게 보냈는지를 시간 단위로 직접 적어보게 하는 것이 좋습니다. 그렇게 하다보면 미처 적어 넣지 못하는 시간이나 허투루 보낸 시간이 나타납니다. 자녀 스스로 자신의 시간 활용에 어떤 문제가 있는지, 자신이 활용할 수 있는 시간이 어느 정도인지를 파악하게 되는 것입니다. 이렇게 자신의 시간을 파악해야만 실천 가능한 현실적인 계획표를 작성할 수 있습니다.

자기주도학습에 대한 보다 자세한 방법은 교육과학기술부와 한국교육개발원이 공동 개발한 『내 공부의 내비게이션! 자기주도학습』을 참고하시기 바랍니다.

그렇다면 어떻게 하면 자녀의 자기주도학습 습관을 길러줄 수 있을까요? 자기주도학습 습관 기르기의 단계적인 전략을 간략하게 소개해보겠습니다.

1단계, 자신에게 학습 동기를 부여해야 합니다. 사람이 하는 모든 행동에는 동기가 있습니다. 타의에 의해 억지로 공부하는 학생에게도 동기는 있습니다. 부모님께 꾸중을 듣고 싶지 않다는 것이 동기이죠. 이러한 동기에서 공부하는 학생은 스트레스를 많이 받으므로 학습 효과가 떨어집니다. 내면에서 우러나는 동기가 있어야 하는데요. 장기적으로 보면 자녀가 이루고 싶은 꿈이 좋은 동기가 될 수 있습니다.

2단계, 자신에게 맞는 학습목표를 설정하고 계획을 세웁니다. 처음부터 자신에게 꼭 맞는 목표를 따라잡을 수는 없습니다. 한 시간이면 될 거라고 생각했는데 두세 시간이 걸릴 수도 있고 더 빨리 끝날 수도 있죠. 그렇다고 목표를 설정하는 것이 무의미하지는 않습니다. 목표를 달성하려는 것 역시 중요한 동기가 되니까요. 학습목표와 그에 따른 계획은 학기별, 월간, 주간, 일일 순으로 세웁니다. 학습 플래너 작성이 익숙하지 않을 때는 주간부터 시작하는 것이 좋습니다. 가능한 한 구체적으로 계획을 세우는 것이 목표 달성에도 도움이 됩니다.

3단계, 매일매일 학습 플래너를 통해 시간 관리 능력을 향상시킵니다. 학습 플래너라고 해서 정해진 형식이 있는 것은 아닙니다. 학생이 쓰기에 편하고 효과적으로 기록할 수 있는 형식이면 됩니다. 다음의 예시를 참조하도록 하고 자신에게 맞는 방식으로 고쳐

학습 플래너의 예

학습목표	전교독서왕 5점:매우 잘했다, 4점:잘했다, 3점:보통, 2점:못했다, 1점:매우 못했다								
	내용	월	화	수	목	금	토	일	항목별 총점
실천계획	일주일에 책 1권 읽기	5							/35
	독후감 1장 이상 쓰기	3							
실천소감	요일별 총점	8							/35
학부모 (교사) 의견									

나가면 됩니다. 사용하고 있는 다이어리가 있다면 그것도 좋습니다. 항상 가지고 다니면서 자신의 계획과 시간을 확인하는 습관을 들이는 것이 중요합니다.

4단계, 학습 플래너에 따라 계획을 매일 실천하고 점검하며 수정합니다. 학습 플래너는 계획을 세우는 것이기도 하지만 점검하는 것이기도 합니다. 스스로 목표를 잘 달성하고 있는지, 달성하지 못했다면 목표량이 많아서인지, 아니면 학습 방법에 문제가 있는지를 점검하고 꾸준히 개선해나가야 합니다. 학생은 이런 과정을 통해 성취감을 맛보고 그것이 자기주도학습의 큰 동력이 됩니다. 부모님께서는 자녀가 계획을 달성했는지를 평가하는 것이 아니라 계획표를 잘 활용하고 있는지만 확인해주세요. 간섭을 받는다는 느낌이 아니라 관심을 받는다고 느끼는 것이 중요합니다.

입학사정관 합격 선배가 들려주는 학습 플래너 사용법

경희대 이주언 학생 | 저는 사소한 계획도 하나하나 모두 적었습니다. 오늘 하루 이 문제집에서 문제 하나만 풀었더라도, 그런 것까지 일일이 기록했습니다. 무엇을 먼저 해야 할지, 이 분량은 몇 시에 몇 분 만에 끝낼 것인지, 오늘 하루 중 제일 중요하고 꼭 해야 할 일은 무엇인지 그 일에 별표를 쳐가면서 표시를 해뒀습니다. 초등학생들이 방학을 맞이해 생활계획표를 짜듯이 저는 매일매일의 생활계획표를 짰습니다.

무엇보다 제가 플래너에 꼭 기록했던 것은 자기 다짐이나 명언이었습니다.

눈에 띄는 빨간 색으로 적어서 공부가 하기 싫다거나 지칠 때마다 꺼내 보면서 새롭게 다짐을 하곤 했습니다. 공부도 안 하고 게을러질 때에도 스스로 독한 말을 플래너에 적어가면서 수시로 보니까 공부할 힘도 생기고 의지도 생겼습니다. 그중에서 아직도 가장 기억에 남는 말은 '기적에 대해 가장 놀라운 점은 그것이 실제로 일어난다는 것이다'인데요. 항상 이 말을 되새기면서 그 기적이 실제로 일어나도록 포기하지 않았습니다.

서울시립대 이인형 학생 | 저는 플래너를 일기장처럼 사용했습니다. 1학년 때는 일기를 쓰다가 2, 3학년 때는 플래너를 썼어요. 제가 사용했던 방법은 플래너를 친구처럼 사용한 것입니다. 플래너는 힘든 수험생활에 내 모든 걸 털어놓는 곳이기도 하고, 계획을 적으면서 다짐도 새로 할 수 있고, 위로도 받을 수 있는 친구 같은 존재입니다. 힘든 일이란 게 글로 적으면서 풀어내기만 해도 새로운 마음가짐도 생기는, 그런 부분이 있거든요. 예를 들어 힘들고 짜증이 나는 날에는 '짜증 난다'라고 써요. 그러면 왜 짜증이 나게 됐는지 친구에게 이야기하듯이 털어놓게 되는데 그러는 중에 스스로 해결 방법을 찾게 되더라고요.

저는 플래너에 친구들이 준 편지나 쪽지 같은 것도 모두 붙였습니다. 친근하게 계속 곁에 둬야 한다고 생각했거든요. 플래너를 고3 때부터 쓰려고 하면 잘 안 써져요. 어떻게 써야 할지 몰라도 고1 때부터 그냥 따라해보기라도 하면 어느 새 익숙해져서 고2, 고3 때에는 잘 활용할 수 있습니다.

성균관대 나준우 학생 | 저는 학습 플래너를 짠 후 자기주도학습을 통해 체계적으로 공부하려고 노력했습니다. 일단 학습 플래너를 짤 때 시간별로 꼼꼼히 짜는 친구들이 있는데요. 물론 자신이 꼼꼼한 성격이라면 좋은 방법이 될 수 있지만 그렇지 못한 성격이라면 시간별로 짜는 건 하지 않는

게 좋아요. 계획이 시간에 쫓겨서 집중력이 떨어지고 그날의 모든 계획에 문제가 생기게 되기 때문에 자포자기하고 싶다는 생각이 들 수 있거든요. 학습 플래너를 짤 때 제 노하우를 말씀드리면 저는 학습 플래너를 크게 세 칸으로 나눴습니다. 첫째 칸은 학교 숙제와 학교 공부 등 전반적으로 내신에 대한 내용을 적고, 둘째 칸에는 여러 교내, 교외 활동에 대한 정보와 수능 공부를 주로 적었습니다. 마지막으로 셋째 칸이 저에게는 정신적으로 아주 큰 힘이 됐는데요. 그날 자신의 마음속에서 떠오르는 문구나 가장 강하게 드는 생각을 한 문장으로 표현해서 기록했습니다. 셋째 칸에 있는 문장을 자기 전에 한 번 보고 자면 공부하는 데 있어서 다짐이 되고 제 자신에게 진지해지는 것을 느낄 수 있었습니다.

어떻게 성적 대신 자기주도학습으로 학생을 선발하죠?

여기저기 다른 엄마들의 얘기를 들어보니 자기주도학습전형으로 신입생을 뽑는 고등학교가 늘어나고 있다고 합니다. 왜, 그리고 어떻게 자기주도학습으로 학생을 선발한다는 건지 이해가 잘 가지 않습니다.

자기주도학습전형은 말 그대로 학생의 자기주도학습 결과와 인성을 중심으로 학생을 선발하는 입학전형입니다. 2010학년도에 시작된 후 매년 늘어나고 있습니다. 2013학년도에 자기주도학습전형으로 신입생을 선발하는 학교는 외국어고31개교와 국제고7개교, 자율형 사립고20개교, 자율형 공립고27개교 기숙형고39개교, 일반고16개교 등 모두 161개교입니다.

자기주도학습전형을 도입한 직접적인 계기는 과도한 사교육의 폐해 때문입니다. 학부모님들께서도 잘 아시듯이 상위권 대학 진학에 유리하다는 이유로 자녀를 외국어고, 국제고, 과학고 등 특목고에 입학시키려는 분들이 많습니다. 그러다보니 과도하게 사교육에 의존하려는 경향이 없지 않았습니다. 이러한 문제를 개선해야 한다는 요구는 꾸준히 있어 왔으며, 이 문제를 해결하기 위해 고안된 것이 바로 서류평가와 면접으로 학생을 선발하는 자기주도학습전형입니다. 전 과목에서 단순히 시험 성적이 우수한 학생을 선발하기보다는 자기주도적인 학습 능력을 갖추고 다양한 독서와 풍부한 경험을 쌓은 학생을 선발함으로써 과도한 사교육의 폐해를 막고자 하는 것입니다.

보다 근본적인 이유는 앞서 말씀드린 자기주도적 역량, 즉 '아는 방법을 잘 아는 사람'을 육성하기 위해서입니다. 학교에서는 자기주도학습을 강조하면서 정작 진학을 할 때에는 아무 소용이 없다면 암기 위주의 공부를 할 수밖에 없을 것입니다. 입시제도는 우수한 학생을 뽑기 위한 것입니다. 과거에는 많은 지식을 암기하고 있는 학생을 우수하다고 평가했다면, 지금은 스스로 공부할 수 있는 역량을 가진 학생이 우수한 학생인 것입니다.

여기서 우수하다는 개념은 우등생과 열등생으로 줄을 세우자는 것이 아닙니다. '어느 누구의 어떤 재능이든 하나도 놓치지 않는 교육을 통한 인재대국 실현'이라는 교육 목표처럼 모두가 자신의 분야에서 우등생이 될 수 있는 교육을 하자는 것입니다. 벌써 적지 않은 학생들이 자기주도학습으로 학습 능력과 좋은 입시 결과 두 가지 목표를 달성했습니다.

자기주도학습을 잘하는 학생은 향후 입학사정관전형에서도 좋은 평가를 받을 수 있습니다. 고등학교 편에서 자세하게 다루게 되겠지만 '초·중등학교 때부터 자기주도적으로 학습하고 다양한 활동들을 통해 스스로 문제를 해결해본 경험이 있다면 그 학생은 대학에도 잘 적응할 수 있을 것이고 사회에서도 좋은 인재로 성장할 수 있다'는 것이 입학사정관전형의 전제이기 때문입니다. 현재 입학사정관전형을 도입한 대학교는 125개교입니다. 이들 학교는 25%의 신입생을 입학사정관전형으로 뽑고 있습니다. 이 비율은 전체 신입생으로 보면 13.5%로 앞으로 더 확대될 예정입니다.

자기주도학습은 초·중등학교에서 대학으로, 나아가 사회 진출까지 이어지는 흐름으로 이해하시면 되겠습니다.

2011년도 고등학교 자기주도학습전형 우수 사례

○○고등학교 A군 | 자기주도학습은 스스로 동기 유발이 돼서 공부하는

것이라고 생각해요. 스스로 동기 유발이 된다는 것은 꿈이 있는 것이고, 그 꿈을 이루기 위해 계획을 세우면 평소에도 지치지 않고 공부할 수 있어요. 공부할 때 가장 중요한 것은 학습 플래너인 것 같아요. 전 학습 플래너를 구체적으로 작성하는 편이에요. 주중에는 하루하루 과목별로 공부해야할 분량과 시간을 타이트하게 작성하고 그 결과를 매일 점검해요. 계획대로 실천하지 못한 부분은 주말을 이용해 보충하고 있어요.

□□고등학교 B군 | 책을 읽는 습관 때문에 외국어 능력도 향상되고 진로를 결정하는 데도 큰 도움이 됐어요. 어릴 때부터 책을 읽는 습관이 있었어요. 초등학교 3학년부터 독서기록장을 쓰기 시작했고요. 책을 읽는 습관이 생기니까, 책에서 다루고 있는 내용과 관련해선 다양한 분야에 대해 스스로 알아보게 되는 습관도 생겼어요. 제가 하고 싶은 일이나 진로에 대한 정보도 많이 얻었고요. 특히 번역서를 읽다보니 원서를 읽고 싶은 마음이 생겨서 원서를 찾아서 읽게 되고 자연스럽게 외국어 능력이 향상됐어요.

△△고등학교 C양 | 중학교부터 줄곧 교육봉사를 하고 있어요. 솔직히 중학교 내신이 중요하기 때문에 부담은 있었지만 초등학교 아이들을 가르치는 봉사활동에 대한 즐거움과 책임감으로 시험기간에도 빠지지 않고 봉사활동을 열심히 했어요. 그랬더니 오히려 성적도 더 오르게 됐어요. 제 꿈이 유네스코에서 교육복지 관련 일을 하는 것이어서 교육봉사가 더욱 더 즐겁고 보람된 것 같아요.
다른 친구들도 자신의 진로와 관련된 봉사활동을 찾아서 시작했으면 좋겠어요. 그러면 진정한 봉사의 즐거움도 알게 되고 자신의 삶도 열정적으로 살 수 있을 것 같아요.

저희 아이도 자기주도학습전형으로 고등학교에 갔으면 합니다. 아무래도 부모 세대 때에는 없었던 제도여서 아이에게 도움을 주기가 어렵네요. 어떻게 준비를 해야 하나요?

자기주도학습전형을 도입한 고등학교는 공통적으로 1단계는 내신 성적과 출결로 선발하고, 2단계에서는 1단계의 성적과 면접으로 선발합니다. 내신성적의 반영은 고등학교 유형에 따라 반영하는 과목이 다릅니다. 외국어고와 국제고는 영어 내신만 반영하며 나머지 학교에서는 자율적으로 선택하도록 하고 있으므로 고입정보 포털www.hischool.go.kr에 있는 자기주도학습전형을 참고하시기 바랍니다. 또 홍보 책자와 자기주도학습전형 길라잡이도 고입정보포털에 탑재돼 있습니다.

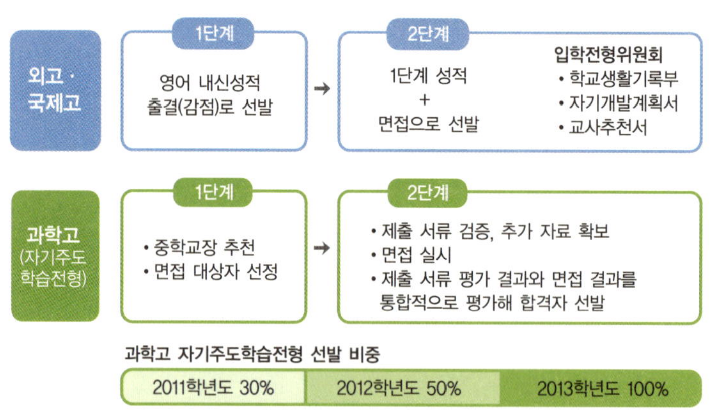

자기주도학습전형 선발 절차 예시

제일 걱정되고 준비하기가 막연한 부분은 면접일 것입니다. 면접에서 활용되는 자료는 학교생활기록부, 자기개발계획서, 교사추천서 등입니다. 이를 바탕으로 입학담당관과 입학전형위원으로 구성된 위원회에서 학생의 자기주도학습 능력과 인성 및 잠재력을 종합적으로 평가해 선발합니다.

면접에서 활용되는 자료 중 자기개발계획서는 인성교육 촉진을 위해 자기주도학습 결과 및 진로 계획, 봉사·체험활동, 독서활동 등이 담기는 기존의 학습계획서에 인성 평가 요소를 포함시킨 것입니다. 이는 학생이 얼마나 지덕체의 균형을 이뤘는지를 알기 위해서입니다.

고입 시즌이면 면접이 걱정된 나머지 학원을 찾는 분들도 많습니다. 면접을 볼 때 공통적인 질문 외에도 각자의 자기개발계획서를 토대로 물어보기 때문에 미리 만들어진 질문은 없습니다. 예를 들면 이런 거죠. 어떤 책을 학생이 읽었다고 할 때 면접관은 책의 내용이 아니라 어느 부분에서 어떤 생각을 했는지 등 꼬리에 꼬리를 무는 깊은 질문을 던집니다. 이 때문에 학원에서 특정 질문에 맞춤형 대답을 하기 위해 대비하는 것은 불가능합니다. 면접관들은 많은 학생을 면접해본 경험이 있으므로 학생이 설령 조금 더듬더라도 자신의 생각을 진솔하게 이야기하는지, 아니면 연습한 것을 그대로 반복해 말하는지를 금방 알 수 있습니다.

기본적으로 '학교생활에 충실하고 다양한 독서와 많은 경험을 한 학생'이 자기주도학습전형에서 유리할 것이라고 생각합니다. '학교생활에 충실하고 다양한 독서와 많은 경험을 한 학생'이 어떤 학생이며 어떻게 해야 그렇게 될 수 있는지 막연하실 텐데요. 246쪽에 나와 있는 '에듀팟'에 대한 설명을 보시면 구체적으로 무엇을 준비해야 하는지 아실 수 있을 것입니다.

우리 아이가 다닌 학교는 공립 중학교였습니다. 학교에선 전교생 모두 학습 플래너를 작성하도록 해줬어요. 방과 후에는 어떤 공부를 할 것이고 독서실에서는 어떤 공부를 할 예정인지를 플래너에 쓰고 본인이 계획한 대로 실행하게끔 했죠. 그런데 그게 영어 내신을 잘 받는 데 도움이 많이 됐던 것 같아요.

집에서는 책읽기에 신경을 많이 썼어요. 아들이 초등학교 때부터 책을 많이 읽는 편이었습니다. 중학교에 올라가서도 학교에서 독서를 권장해주니 독서량은 줄지 않았어요. 예를 들어 각 과목당 필독 도서 두세 권을 지정해주고 혹시 읽지 않는 아이들이 있을까 봐 시험 문제를 거기에서 내기도 했어요. 그게 자연스럽게 입시에 접목되지 않았나 생각됩니다.

우리 아이는 영어를 비롯해 몇 개의 과목은 방과후학교를 많이 활용했습니다. 학교에서 원하는 수업을 신청받고 반영해주는 덕분에 학원에 보내지 않아도 필요한 공부를 할 수 있었어요. 학원엔 전혀 다니지 않았느냐는 질문을 자주 받는데요. 다니긴 했습니다. 하지만 외국어고 입시 준비를 위해 다닌 건 아니었어요. 수학을 좀 더 심화해서 배우고 싶다고 해서 1주에 한두 번 정도 학원을 갔고요, 방학 때는 특강 형식 같은 수업을 받았어요. 굳이 성공비결을 요약하라면 학습 플래너, 방과후학교, 책읽기였던 것 같고 적어도 외국어고 입시는 사교육과는 별로 상관이 없는 것 같습니다.

제 주위에선 면접 때문에 학원에 갔다는 분들이 있어요. 사실 학원 앞에 합격자 명단이 붙어있는 것을 보면 부모로선 그 유혹에서 벗어나기가 쉽지 않죠. 그런데 나중에 들어보니까 다들 후회하시더라고요. 학원에서 뽑아준 예상 질문이 하나도 안 나왔다고요. 제가 어느 특목고 입시 설명회에 갔는데 교무주임 선생님께서 아이와 진정 어린 대화를 많이 나누는 기회로 삼아보라고 하시더라고요. 그 말이 공감이 돼 그렇게 했어요. 지나고 보니까 그것이 합격의 열쇠가 됐던 같아요. 아이와 학습 플래너를 놓고 같이 고민하면서 많은 이야기를 나누는 것이 정답인 것 같아요.

바쁜 맞벌이 부모는 학원에 의존할 수밖에 없어요

아이가 학원을 안 다니고 자기주도로 공부해서 특목고에 갔다고 해도 사실 부모의 걱정은 거기에서 끝나지 않습니다. 학교 수업에만 충실했던 아이가 특목고에 진학하면 또 거기에서 뒤처지지는 않을까 걱정이 되죠. 수업 수준이 확 올라갈 텐데 학원에서 미리 배우고 간 아이들에게 밀리면 어떡하죠?

학부모님들의 불안한 마음을 충분히 이해합니다. 하지만 학생들이 상급학교에 진학한 후의 학습 능력은 선행학습에 의해 좌우되

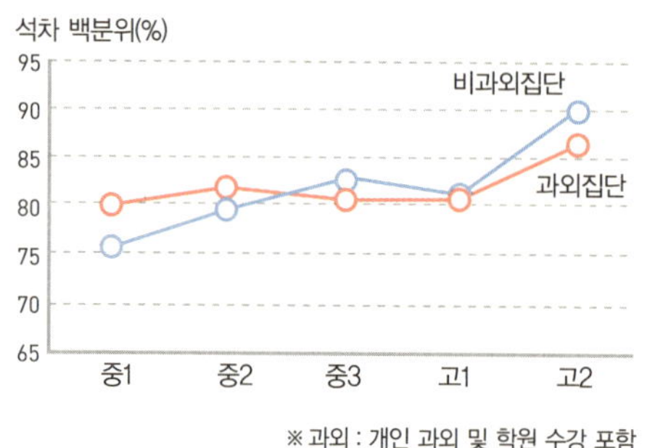

지는 않습니다. 상위 30% 학생들의 국어 성적을 기준으로 한 한국교육개발원이종태 외의 2002년 연구 결과가 있습니다. 결과를 보면 과외나 학원을 통해 선행학습을 받은 집단은 중학교 2학년 중반부터 그렇지 않은 집단에 비해 성적이 떨어졌습니다. 특히 입시에서 가장 영향력이 높은 중학교 3학년 때와 고등학교 2학년 때의 점수 차이가 큰 것으로 나타났습니다. 그러므로 학원을 통한 선행학습은 하지 않는 것이 좋다는 점을 먼저 말씀드립니다.

많은 학부모님께서 "학교 선생님들도 아이들이 이미 학원에서 선행학습을 하고 온 것으로 가정하고 수업을 진행한다"는 하소연도 하십니다. 교육과학기술부에서는 이 같은 문제를 학교교육에서부터 바로잡기 위해 17개 시·도교육청을 통해 수학 교과의 경우 교육과정과 실제 수업 운영이 일치하는지, 교육과정의 범위에서 시험문제를 출제하는지를 철저하게 점검하도록 했습니다. 만약 교육과정과 운영의 불일치가 적발된 경우 엄정하게 조치하도록 할 예정입니다. 이 외에도 고등학교 입학전형 및 대입 입학사정관전형에서 선행학습 영향평가제를 실시하는 한편, 대입 논술 준비 부담을 경감하기 위한 방안 등 선행학습의 폐해와 무용성에 대한 연구를 활발히 진행하고 있습니다. 앞으로 만연된 선행학습에 대해 학부모님들이 불필요함을 느껴서 학생들이 그 이용을 줄이고, 대학들은 학생선발 전형에 고등학교 교육과정에서 배운 내용과 기록을 충분히 활용하는 등 새로운 가치관과 평가문화의 정착이 이뤄질 수 있도록 근본적인 변화를 모색하고 있습니다.

에듀팟이나 생활기록부에는 사교육을 받은 걸 기재할 수 없다는데요. 그러면 다니던 학원도 그만두고 학교나 지역에서 하는 방과 후 프로그램만 해야 하나요? 사설 단체에서 개최하는 각종 경시대회에 참가한 것도 기록하지 못한다는데 사실인가요?

교육과학기술부가 새로운 교육제도를 만들 때 항상 고민하는 것이 사교육입니다. 학생들의 균형 있는 성장을 위해 지덕체를 강조하면 사교육에서는 또 그에 따른 프로그램을 만들어냅니다. 지덕체 교육은 사교육 방식과는 전혀 다른 데도 학부모님들을 불안하게 하는 논리를 개발해 사교육을 받도록 합니다.

제도 변화에 비해 현장은 변화 속도가 더디고, 자녀의 미래가 걱정스러운 부모님들께서는 사교육에서 그 불안을 해소하고자 하십니다. 그런 부작용 때문에 학교생활기록부와 에듀팟에서는 학교가 계획한 활동을 중심으로 학교장이 승인한 사항만 기재하는 것을 원칙으로 합니다. 그렇다고 피아노를 좋아하는 학생이 학교 생활기록부에 기록하지 못한다는 이유로 피아노 학원을 그만둘 필요는 없습니다. 음악, 미술, 체육도 입시 중심이 아니라 역량을 키운다는 측면에서 봐주셨으면 합니다.

각종 경시대회에 참가한 것을 기록하지 못하게 하는 이유도 부작용이 만만치 않기 때문입니다. 학교생활기록부에 한 줄 더 써넣기 위해서가 아니라 자녀들에게 경험을 키워준다는 측면에서 보낸다면 도움이 됩니다. 이것저것 무조건 대회에 나가게 되면 대회 준비를 하느라 학교생활을 소홀히 하게 됩니다. 학원이든 경시 대회든, 아이의 역량을 키워주고 경험을 풍부하게 해준다는 관점으로 접근하시면 크게 불안해하지 않으셔도 될 거라고 생각합니다.

창의 · 인성교육, 자기주도학습전형, 입학사정관제 등을 통해 사교육 문제가 일정 부분 해소되고는 있지만 아직은 부족한 것이 사실입니다. 분명히 말씀드릴 수 있는 것은 현재 교육정책이 변화하고 있는 방향에서는 사교육을 받는 것이 오히려 불리하게 작용할 수 있다는 점입니다. 무엇보다 중요한 것은 자녀들의 미래입니다. 누누이 강조하듯이 사교육으로는 미래에 필요한 역량을 기를 수 없습니다. 자기주도학습전형이나 입학사정관제 역시 역량에 따라 학생을 선발하자는 것입니다.

내 공부의 내비게이션! 자기주도학습

교육과학기술부 홈페이지 → 정보마당 → 정보자료실 → 학교지원국 → 118번 게시글

교육과학기술부와 한국교육개발원이 공동으로 개발한 자기주도학습 계발 지침서. 아이들이 미래 사회의 창의적 인재로 성장하기 위해 어떻게 자기주도학습을 활용해 다양한 체험과 독서를 하고, 미래를 계획하고, 자기주도적인 학습자가 될 수 있을지 가이드를 제시한다. 학생들을 위해 자기주도학습 방법과 학습 플래너 작성 방법이 수록돼 있고, 학부모와 교사가 자기주도학습을 어떻게 지도할지에 대한 사례를 자세하게 소개하고 있다.

- 자기주도학습은 공부를 할 때 자기통제감을 갖도록 한다.

- 자기주도학습은 '잘 아는 사람'보다 '아는 방법을 잘 아는 인재'를 길러낸다.

- 자기주도학습, 먼저 자녀를 믿어줘야 한다.

- 학습 플래너의 시작은 학생 스스로 시간을 파악하고 관리하는 것이다.

- 자기주도학습전형은 학생의 자기주도학습 결과와 인성을 중심으로 고등학교에서 창의적이고 잠재력 있는 학생을 선발하는 입학전형이다.

- 자기주도학습전형은 1단계 내신성적과 출결, 2단계 면접으로 선발한다.

- 학교생활에 충실하고 다양한 독서와 많은 경험을 하고 그것을 에듀팟에 꾸준히 기록한 학생이라면 자기주도학습전형에서 좋은 점수를 올릴 수 있다.

성적 스트레스를
줄일 수 있는 방법이 있나요?

"그동안은 친구보다 단 1점이라도 더 높은 점수를 받아야 한다는 생각이 가득했다. 그래서 몸이 아파 결석했던 친구에게 필기 노트도 빌려주지 않았고, 어려운 수학 문제를 어떻게 푸는 거냐고 물어오는 친구에게 모른다며 외면했다. 그러면서도 친구에게 미안해서 기분이 썩 좋지는 않았다. 서로 알려주면서 공부할 수 없었다. 특히 시험기간에는 더 예민해진다. 친구가 나보다 점수를 더 잘 받으면 그만큼 밀릴 수 있기 때문이다. 한 문제 때문에, 1점 때문에 친구들 사이도 어색해지고 스트레스도 이만저만이 아니다."

왜 내신평가제도가 다시 변하는 건가요?

현재 고등학교의 경우 한 문제를 더 맞히느냐 틀리느냐에 따라 내신 등급이 달라질 수 있기 때문에 시험 기간만 되면 아이도 저도 민감해집니다. 아이들이 점수 1, 2점에 매달려 피 말리는 경쟁을 하지 않아도 된다면 정말 좋은 일이겠죠. 그런데 어차피 평가이니까 등급은 매겨져야 하는 것 아닌가요? 지금까지의 평가제도와 성취평가제의 다른 점은 무엇인가요?

결정적으로 상대평가에서 절대평가로 바뀌었다는 것입니다. 현재 고등학교의 학생평가는 상대평가로 1등급이 있으면 반드시 9등급이 있어야 합니다. 어떤 과목에서 90점을 맞았다면 그 과목이 요구하는 학습 수준의 90%를 달성했다는 뜻으로 볼 수 있습니다. 다른 친구들이 모두 그보다 높은 점수를 받았다면 아무리 90점을 받았어도 9등급이 됩니다. 등급마다 학생 수에 대비해 정해진 비율이 있으므로 좋은 성적을 받아도 1등급을 받지 못할 수 있었습니다. 예를 들어 전체 학생 수가 100명이라면 1등급은 4%의 학생만이 받을 수 있어서 4등 학생까지만 1등급을 받을 수 있습니다.

그렇기 때문에 학생들은 자신의 적성과 소질에 맞는 과목을 선택하기보다 과목별로 높은 등급을 받기 위해 수강자 수가 많은 과목을 선택하려고 합니다. 자체로도 모순이 많은 제도인 것입니다.

선생님들도 평가를 통해 각 학생의 수준을 파악하고 이에 맞는 교육을 하는, 원래 평가가 가진 본래의 교육적인 목적과는 벗어나 있습니다. 학생들을 변별하고 서열화하기 위해선 동점자가 나오는 것을 줄여야 하므로 난도가 높은 문제를 출제하는 등의 상황이 발생하는 거죠.

성취평가제는 이러한 문제들을 해결하기 위한 제도로 '누가 더 잘했는지'를 평가하는 것이 아니라 '학생이 무엇을 어느 정도 성취했는지'를 보기 위해 학생들의 교과별 학업 성취 정도를 A, B, C, D, E로 평가합니다. 중학교의 경우 학교생활기록부에서 석차를 없애고 원점수와 평균, 표준편차를 병기하도록 하고 있습니다. 이 제도로 인해 학생들은 1, 2점 때문에 친구와 경쟁할 필요가 없어졌습니다. 또한 점수를 잘 받을 수 있는 과목보다 자신의 적성과 소질에 맞는 교과목을 선택

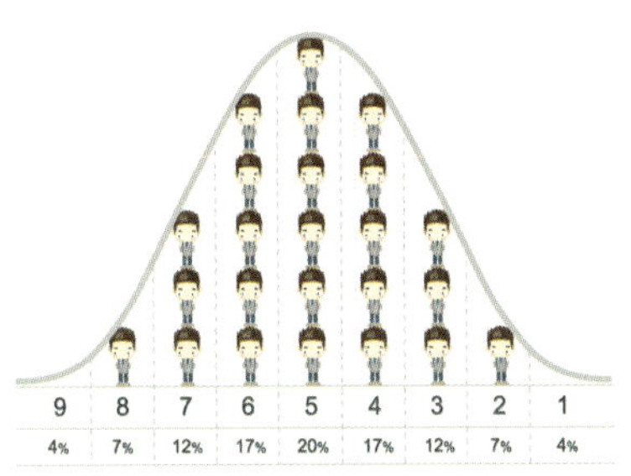

상대평가
비교집단 내의 상대적인 서열 비교

성취평가
성취기준에 도달한 정도 판단

할 수 있게 됐습니다. 즉 1등부터 마지막까지 줄 세워서 등수를 매기는 것이 아니라 해당 과목에 대해 얼마나 알고 이해하는지가 기준이 되는 겁니다. 다시 말해 친구의 점수가 올라가든 내려가든 자신이 받는 성취도에는 영향을 미치지 않습니다.

성취평가제는 2012년 현재 중학교 1학년인 학생부터 적용되며, 현재 중학교 2학년은 고등학교에 입학하는 2014년부터 성취평가제도의 적용을 받습니다. 고등학교의 경우 2012년에는 특성화고와 마이스터고의 1학년 전문교과부터 시행하고 보통교과는 2012~2013년 시범학교 운영을 거쳐 2014년부터 전면 도입할 예정입니다.

과목별로 개인의 학업 성취도에 따라 평가된다고 하니까 경쟁에 대한 부담감은 약간이라도 덜어지는 것 같아요. 그런데 학교마다 시험 문제가 다르잖아요. 그렇다면 각 학교마다 기준이 다르다는 건가요? 학업 성취 기준은 어떻게 정하나요?

맞습니다. 성취평가제는 학생들이 성취 기준에 얼마만큼 도달했는지를 평가하는 것이죠. 그렇기 때문에 각 학교에서 성취 기준을 어디에 두느냐에 따라 달라질 수 있습니다. 그래서 학생의 수준을 고려해 성취 기준을 마련하고 이를 토대로 적정 수준의 난이도를 조절해 시험문제를 출제해야 합니다. 교육과학기술부는 성취평가제 전문포털 사이트_{assess.kice.re.kr}에 성취 기준과 성취 수준을 탑재해뒀습니다. 각 학교에서는 이를 참고해 학교별 특성과 여건에 맞는 성취 기준과 성취 수준을 학년 초 또는 학기 초에 마련할 수 있습니다. 또한 교과목별 기준 성취율을 단위 학교 학업성적 관리규정에 구체적으로 명시하도록 했고 이를 위한 교원 연수도 실시했습니다.

앞으로는 교과별 성취 기준과 성취 수준에 따라 가르치고, 가르친 범위 내에서 적정한 난이도에 맞춰 평가해야 한다는 점이 중요합니다. 이를 위해 학교정보공시_{학교알리미} www.schoolinfo.go.kr를 통해 각 학교의 성취도별 분포 비율이나 과목별 평균, 표준편차를 투명하게 공개하고 학업성적 관리 실태를 정기적으로 모니터링할 계획입니다.

집중이수제 때문에 주요 과목에 소홀해지지는 않을까요?

이건 조금 다른 이야기인데요. 공부하고 시험을 보는 과목의 수를 줄여서 학생들의 부담을 줄이자는 것이 집중이수제의 취지라고 들었어요. 그런데 오히려 아이들이 힘들다고 해요. 3년 동안 배울 내용을 한 번에 배우려고 하니까 방대한 양에 질려서 처음부터 포기하는 아이들도 있다고 하고요. 부담을 줄여주자고 한 제도인데 오히려 집중이수제 때문에 학원

집중이수제는 한 학기에 11~13과목을 배우던 것을 8과목 이내로 제한함으로써 학생들의 학습 부담과 평가 부담을 덜어주자는 취지에서 시작됐습니다. 시행 초기라 일부 부작용이 있고 변화의 속도가 너무 빠르다는 지적도 있습니다. 하지만 초기의 시행착오가 염려된다고 도중에 그만두기에는 집중이수제는 장점이 많은 제도입니다.

2~3시간 연속수업을 통해 하루에 3~4과목을 배움으로써 한 시간씩 수업할 때에는 도저히 할 수 없었던 토론식 수업와 실기 수업이 가능하게 됐습니다. 특히 미술 수업의 경우 한 시간에 작품 하나를 완성하기에는 시간이 너무 짧습니다. 시간 안에 완성하려면 상상력을 충분히 발휘할 틈도 없이 바로 작업을 시작해야 하고 좀 더 공을 들이고 싶은 부분이 있어도 시간에 쫓긴 나머지 급하게 마무리해야 합니다. 집중이수제를 통해 2~3시간 연속수업을 진행할 경우 학생들은 작품의 완성도를 높일 수도 있고 교사 입장에서는 효과적인 수업을 할 수 있습니다.

한 학기에 12개의 과목을 배우는 것은 바람직하지 않습니다. 선진국을 봐도 그런 사례가 없습니다. 학생들 입장에서는 과목 수가 적은 것이 좋습니다. 다만 한 학기에 배울 양이 너무 많아져서

부담스럽다고 느낄 수는 있습니다.

그래서 '2009 개정교육과정에 따른 교과교육과정 개정2011. 8. 9'을 통해 주입식 암기 요소를 약 20% 덜어냈습니다. 2012년에는 체육·예술음악/미술 교과의 경우 학기당 이수과목 수 8과목 이내 편성 대상에서 제외함으로써 학교에서 지속적인 체육·예술음악/미술 교육이 가능하도록 개선해 학교가 지역 및 학교의 특성에 따라 집중이수제를 융통성 있게 운영할 수 있도록 조치했습니다. 집중이수제의 취지는 그대로 유지하면서 부작용은 최소화할 수 있도록 지속적으로 노력하겠습니다.

이번 정부에서는 스포츠클럽, 예술교육 등 지덕체를 강조하는데 사실 실제 학교 현장에서는 별로 중요하게 생각하지 않는 것 같아요. 아이들의 이야기를 들어보면 시험기간에는 정규 체육 시간을 자습이나 다른 주요 과목의 보강 수업으로 대체한다고 하네요. 여러 다양한 교육과정 운영과 지덕체 강조는 좋은데, 평가제도 앞에서 스포츠클럽이 무슨 소용이 있나요?

아침부터 밤까지 책상에 앉아 공부하는 자녀를 보면 '저러다가 몸 상하는 건 아닐까' 걱정하는 부모님들도 시험기간이 되면 생각이 달라집니다. 잠자는 시간도 아깝다고 여기시니까요.

운동장에서 신나게 운동하고 나면 피곤해져서 오래 공부하기 어렵다는 것은 종래의 '상식'이었습니다. 그런데 최근의 연구 결과에 따르면 이런 상식과는 전혀 다릅니다. 2005년 미국의 일리노이 주립대학교 찰스 힐먼 교수와 동료들은 일리노이주 초등학생을 대상으로 체력검사를 했습니다. 그 검사 결과와 해당 학생들의 수학과 국어 능력을 비교해봤더니 체력이 뛰어난 아이들이 성적도 높게 나타났다고 합니다.

존 레이티 하버드대학교 임상정신과 교수도 같은 주장을 했습니다. 그는 미국의 네이퍼필 지역에 있는 고등학교들이 0교시 운동을 통해 하위권이었던 과학, 수학 과목의 성적을 세계 1위와 6위로 끌어올린 사례를 들어 운동이 집중력과 기억력 등 뇌 기능을 향상시킨다고 말했습니다. 체육교사인 폴 젠타스키는 체육교사의 역할을 이렇게 말하기도 합니다. "체육교사들의 역할은 새로운 뇌세포를 만들어주는 것이며 다른 교사들이 그 속에 내용을 채워넣는 것입니다."

이밖에도 스포츠활동과 예술활동을 통한 학생들의 인성 함양과 긍정적인 변화의 사례는 언론보도를 통해 많이 소개됐습니다. 학교가 체육 · 예술

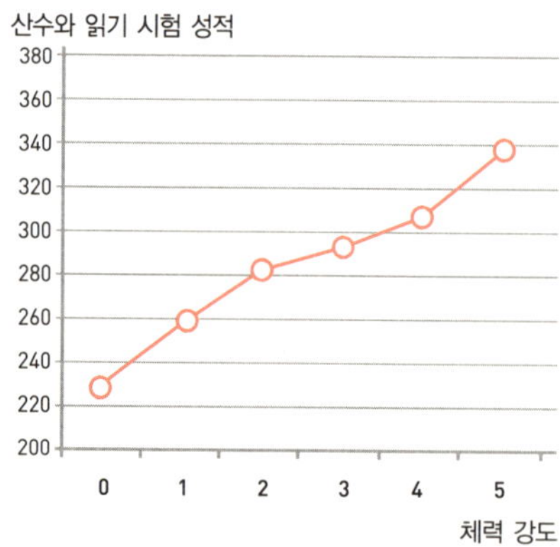

체력과 성적과의 관계

활동의 중요성을 인식하고 있고 무엇보다 이러한 활동을 통해 학생들이 긍정적으로 변해가고 있다는 것이 중요하다고 생각됩니다. 학교에서도 이러한 활동들이 인성 함양과 정서적 안정을 통해 학생들의 지적활동에도 긍정적인 영향을 미친다는 것을 알고 있으므로 향후 체육 수업이나 예술 수업을 주요 교과목의 보강 수업으로 대체하는 일은 없어질 것입니다.

또한 학생들의 스포츠클럽활동_{스포츠클럽과 관련해서 4장의 '03 학교폭력 예방과 인성교육'에서 계속 소개됨}을 학교생활기록부에 기재해 대학입학사정관제에 반영될 수 있도록 안내하고 있습니다. 아울러 체육·예술교육을 통해 긍정적으로 변화한 우수 사례들을 많이 발굴해 학교에 소개하도록 하겠습니다.

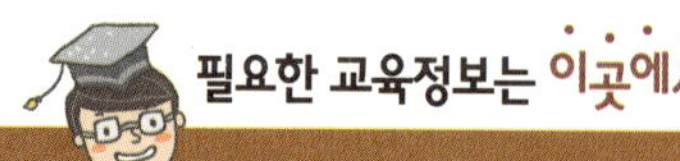

필요한 교육정보는 이곳에서

성취평가제 전문포털 사이트 http://assess.kice.re.kr

2012년부터 단계적으로 시행하는 성취평가제에 대한 이해를 돕기 위해 교육과학기술부에서 개설한 사이트. 성취평가제가 기존의 내신평가와 어떻게 다른지, 앞으로 추진 일정은 어떻게 되는지 등 성취평가제에 대한 학생과 학부모의 궁금증을 해소해주는 공간이다. 이와 더불어 성취 평가의 기준이 되는 교과별 성취 기준, 성취 수준 자료, 운영 매뉴얼, 동영상 등 각종 참고자료가 탑재돼 있다.

학교알리미 www.schoolinfo.go.kr

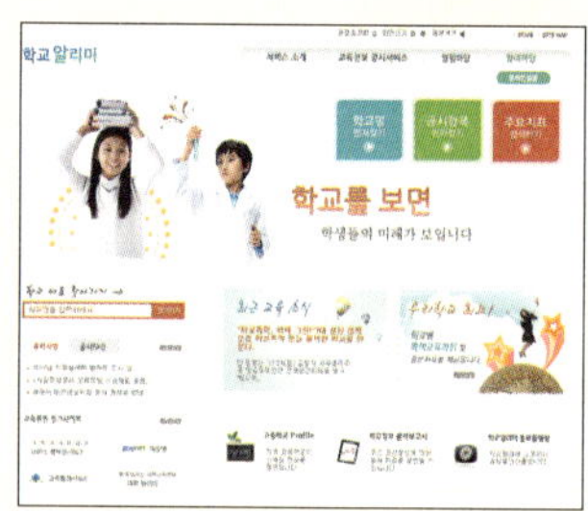

학교 전반의 주요 정보를 투명하게 공개하고자 학교정보공시제도에 의해 교육과학기술부가 개설한 사이트. 국민의 알권리를 보장하는 동시에 학교교육의 실태를 정확하게 파악해 학교교육의 경쟁력을 높이기 위해 도입됐다. 2008년 12월부터 학교알리미 홈페이지에는 매년 1회 이상 교육과학기술부에서 정한 공시기준에 따라 다양한 항목을 공시하고 있다. 해당 학교를 선택하면 학생과 교원, 시설 현황, 학교폭력 발생 현황, 위생 등 교육여건, 재정 상황, 급식 상황, 학업성취 사항 등 주요 정보들을 확인할 수 있다. 진학 준비에 앞서 미리 관심을 갖고 있는 학교의 상황을 파악하는 데 활용하면 좋다.

- 성취평가제는 학생들이 성취 기준에 얼마만큼 도달했는지를 평가한다.

- 성취평가제의 핵심적인 변화는 상대평가를 절대평가로 바꿨다는 것이다.

- 성취평가제로 1점을 더 맞기 위한 공부, 친구의 점수까지 민감했던 학교 공부에서 벗어날 수 있게 됐다.

- 집중이수제는 한 학기에 배우는 과목의 수를 줄여 학생들의 학습 부담을 덜어준다.

- 집중이수제를 활용해 토론식 수업 등 교과의 특성을 감안한 융통성 있는 수업이 가능해졌다.

3장

고등학교

이제는 진로의 패러다임을 바꿔야 합니다. 진학이냐 취업이냐를 넘어 학생 자신의 소질과 적성을 파악하고 미래의 진로를 적극적으로 설계하는 능력을 키워나가야 합니다. 21세기는 좋은 대학을 나온 사람이 아니라 자신의 재능과 적성을 찾아내 그 분야에서 노력하는 사람이 성공하는 시대입니다.

–2012. 8. 31 구미 필통톡에서

자녀의 능력과 노력에 함께 집중하는 시기

"아이가 고등학교에 들어간 이후에는 내내 긴장을 안고 산다. 대학에 가긴 해야 할 테고, 이왕이면 서울에 있는 대학이면 좋겠다. 그래도 적성이란 게 있고 졸업한 뒤에는 취직 문제도 있으니까 학과도 잘 선택해야겠는데 이것도 만만치 않다. 친구 애는 중학교 때부터 진로를 정하고 고등학교에 간 이후부터는 입학사정관전형도 준비하고 있다는데, 우리 아이는 아직도 오리무중이다. 생각하는 학과가 있긴 한 것 같은데 자기도 확신이 없는지 말을 잘 안 한다. 그러니까 입학사정관전형을 준비할 수도 없다.

어쨌거나 성적은 좋아야 하니까 일단 공부만 열심히 하라고는 하는데 아이 스스로도 답답한 눈치다. 여유를 가지려고 해도 이러다가 시간만 보내는 건 아닌지, 부모가 해줘야 할 일을 하지 못해서 아이 미래에 나쁜 영향을 미칠까 봐 두렵고 걱정된다."

대한민국 고등학생, 특히 고3 학생은 집에서 왕 대접을 받는다고 합니다. 수능과 대입이라는 중요한 선택의 기로 앞에서 가장 민감하고 예민해질 시기이기 때문입니다. 고등학교에 다니는 자녀를 둔 학부모님들은 전보다 더 많이 자녀에게 관심을 갖고 귀 기울여야 합니다. 아이가 어떤 것을 좋아하는지, 무엇을 할 때 가장 적극적이고 즐거워하는지, 어떤 것을 하기 싫어하는지 등 아이와 최대한 많은 시간을 가지며 아이의 특성과 행동을 체크해보십시오. 성적을 올려 남들이 부러워할 만한 대학에 가는 것도 중요하지만, 아이가 행복한 삶을 위해 어떤 진로를 선택할지 아는 것이 더 중요합니다.

3장에서는 어떻게 자신의 진로를 찾아 가고 입학사정관제를 준비해야 하는지, 대학을 졸업하지 않고도 사회에서 인정받을 수 있는지 등 고등학교 교육 방향과 입시 제도에 대해 이야기하려고 합니다.

우리 아이,
어떤 학과에 보내야 할까요?

"꼭 대학에 가야 하는 것일까? 나는 만화가가 되고 싶다. 공부하는 것보다 그림을 그리고 있을 때의 내가 좋다. 엄마, 아빠는 일단 공부해서 대학에 가고 난 뒤에 다시 생각해보라고 하신다. 하고 싶은 일을 해야 한다고 말씀은 하시지만 내가 만화가를 꿈꾸는 게 마음에 들지 않는 것 같다.

찾아보니 만화 관련 학과가 있긴 한데 대학에 가기 위해 다른 공부까지 모두 하는 것은 시간 낭비인 것 같다. 지금부터 만화 공부를 하는 게 더 좋지 않을까. 아니면 잠시 미뤄두고 성적을 올린 다음 대학에 진학하는 것이 맞는 선택일까? 정말, 모르겠다."

아이가 좋아하는 학과보다 좋은 대학에 보내고 싶어요

우리가 학교에 다닐 때를 생각해보면 진로교육이라는 것이 입시지도와 다를 게 없었어요. 성적과 대학의 커트라인을 비교해 자기 점수에 맞춰 일단 대학을 정했죠. 그 다음에 지원해서 떨어지지 않을 만한 학과를 정하는 게 거의 대부분이었어요. 지금 진로교육을 한다니까 다행이긴 한데 어떤 방식으로 하는지 잘 모르겠어요. 학생에게 맞는 학과를 찾아주는 것이 진로교육인가요?

과거의 진로 지도는 말씀하신 대로 대학 진학지도, 그것도 성적에 따라 학교나 학과를 적정하게 지원할 수 있도록 도와주는 것에 머물렀습니다. 진로와 관련된 고민도, 경험도 해볼 시간이 없었던 학생들은 부모님이나 선생님이 정해주는 대로 따라가는 일이 많았습니다.

진로는 미래의 행복한 삶을 준비하는 출발점입니다. 따라서 진로교육은 단순히 대학에 입학하기 위해서가 아니라 개인의 소질과 잠재성을 최대한 발현하고 학생들이 자신의 삶을 능동적이고 창의적으로 개발하는 데 도움이 돼야 합니다. 그러므로 무조건 대학에 가야 한다는 진로교육보다는 학생 스스로 대학 진학을 해야 하는지, 그러지 않을 건지를 선택할 수 있도록 합니다.

대학에 진학할 때는 성적이 아니라 자신의 소질과 적성에 따라 전공학과를 선택할 수 있도록 도와줘야 합니다. 대학에 진학하지 않는다면 고교 졸업 후의 자신의 미래를 설계하고 결정할 수 있는 역량을 키우는 진로교육이 이뤄져야 합니다.

이렇게 설명을 드려도 학부모님들께서는 경험해보지 못한 것이라서 얼른 감이 오지 않으실 겁니다. 학교마다 차이는 있지만 순천여고에서 진로진학상담교사로 근무하고 있는 김선구 선생님의 진로교육 이야기를 들어보시면 학교 현장에서의 진로교육을 이해하시는 데 도움이 될 것입니다.

예전에는 진로라고 하면 진학이 전부였고 상담도 주로 진학에 대한 것이었는데 지금은 직업, 진학, 학과 등 다양한 정보를 제공해 학생들이 인생을 합리적으로 설계할 수 있도록 도와주고 있습니다.

순천여고에서 하는 진로교육은 크게 정보, 체험, 성찰로 나뉘어집니다.

우선 자기 자신에 대한 정보, 즉 자신을 알게 하고 직업, 진학, 학과 등에 대해서는 정보를 제공하는 것을 기본으로 합니다. 여기에 다양한 직업군에서 활동하고 있는 동문이나 직업인을 학교에 초청해 강연을 듣도록 하고 있습니다.

순천여고에서는 특히 '성찰이 있는 진로교육'을 실시하려고 애쓰고 있는데요. 흔히 진로라고 하면 흥미나 적성을 중요하게 생각합니다. 물론 흥미와 적성도 중요하지만 좋아하는 것을 찾더라도 어떤 가치를 가지고 하는가와 같은 직업가치관은 진로에서 빼놓을 수 없는 요소입니다. 자신의 삶을 성찰할 수 있는 기회를 갖는다면 학생들이 한층 더 성숙하게 진로를 선택할 수 있으리라고 믿습니다.

이를 위해 '꿈을 가꾸는 인문학 강좌'라는 프로그램을 만들어 문학, 역사, 철학, 종교, 예술 분야의 저자를 초청해 강의를 듣도록 하고 있습니다. 학생들은 저자의 책을 미리 읽고 강의를 듣게 되며 이후에는 에듀팟에 감상문을 올리고 있습니다. 이외에도 '성찰이 있는 직업진로 1박2일 캠프', '템플스테이 인성캠프' 등의 프로그램도 실시하고 있습니다.

이 같은 활동들을 통해 학생들이 합리적인 진로 선택을 하도록 하는 것이 학교 진로교육의 목표라고 생각합니다.

우선 성적만 올리면 폭넓게 학과를 선택할 수 있는데요

우리 아이는 특별히 어떤 분야에 재능이 있거나 관심을 가지지 않아서 진로 지도가 막연합니다. 이왕이면 취업이 잘 되는 학과에 갔으면 해서 넌지시 몇몇 학과를 추천해봤는데 마음에 들지 않는 눈치예요. 취업과 상관없이 자기가 정말 하고 싶은 게 있으면 응원을 해주겠는데 그게 없으니 답답하네요.

첫 직장, 결혼, 퇴직 등은 사람이 살아가면서 겪는 중요한 인생의 전환기입니다. 인생의 방향이 달라진다는 점에서 매우 중요하고 그런 만큼 고민과 갈등을 많이 하는 시기이기도 합니다. 고등학교 이후의 진로 역시 중대한 전환기입니다. 대학에 간다면 어떤 학과를 선택하는지에 따라, 직업세계에 뛰어든다면 어떤 일을 선택하는지에 따라 인생의 방향은 많이 달라집니다. 그래서 신중할 수밖에 없고 걱정도 많아집니다.

고등학교 1학년이라고 해도 진로를 선택해야 하는 시점까지 남은 기간은 길지 않게 느껴집니다. 3학년이라면 발등에 떨어진 불이죠. 부모님께서는 자녀가 미처 진로를 정하지 못했다면 많이 답답하고 걱정되실 텐데요. 아마도 제일 불안하고 걱정되는 사람은 본인이 아닐까 생각합니다.

우선은 진로진학상담교사를 만나보시라고 권하고 싶습니다. 학생 수가 100명 이상인 학교에는 진로진학상담교사가 배치돼 있습니다. 이분들은 '진로진학상담'이라는 수업을 하고 그 외의 진로와 관련된 다양한 체험활동을 지도하시는데요. 학생이 자신의 소질과 적성을 찾아 진로 선택을 할 수 있도록 도움을 주고 자녀의 진로를 걱정하는 학부모님들께도 상담을 해드리는 것이 학교에서 이분들이 맡은 역할입니다. 같이 이야기를 나눠보시면 상황에 맞는 해결책을 제시해줄 것이라 생각합니다.

이외에 커리어넷 www.career.go.kr 에 접속하시면 적성검사를 무료로 받아볼 수 있습니다. 적성검사는 직업적성, 직업흥미도, 직업가치관, 진로성숙도 등 네 가지로 이뤄져 있으며 학생들은 교사의 지도하에 검사를 수행하게 됩니다.

진로를 결정하지 못하는 것에는 여러 이유가 있겠지만 근본적으로 보면 학생이 자기 자신에 대해 아직까지 잘 알지 못하기 때문입니다. 자신이 무엇을 잘하는지, 무엇을 할 때 즐거운지를 모르니까 결정하지 못하는 것이죠. 공부를 하는 것도 중요하지만 진로가 더 중요할 것이라고 생각합니다. 아이가 다양한 체험을 할 수 있도록 해주시고 대화를 많이 나누시면 좋겠습니다. 진로와 관련된 체험은 교육기부 사이트에 자세히 안내돼 있습니다.

아이 생각이라는 게 늘 변하는데 1학년 때 발견한 소질 중심으로 공부나 활동을 하다가 나중에 바뀌면 어떡해요? 나중에 변할 수 있는 관심 분야는 미뤄두더라도 일단 성적을 올려두면 선택권이 더 많아지지 않을까요? 성적을 올려놓는 게 먼저 아닐까요?

진로를 찾았다고 해서 공부를 등한시해도 된다는 뜻은 아닙니다. 오히려 확고한 자신의 진로를 찾게 되면 그것이 동기가 돼 열심히 공부하기도 합니다. 물론 1학년 때 꾸던 꿈이 2, 3학년이 돼 바뀔 수도 있습니다. 그렇다고 그 시간이 결코 헛되다고 할 수는 없습니다. 그 과정에 진심이 녹아 있다면 미래를 위한 충분히 가치 있는 시간이었다고 생각합니다.

또 한 가지는 뒷부분에서 구체적으로 다룰 입학사정관제와 수능부담완화정책에 대한 이야기입니다. 자신의 꿈을 찾아가는 진심 어린 과정은 입학사정관전형에서 좋은 평가를 받을 수 있는 부분입니다. 수능부담완화정책은 수능을 쉽게 출제한다는 것인데, 진로 탐색과 관련된 활동을 하면서도 충분히 수능에 대비할 수 있다는 것입니다. 정확히 말하면 학생들에게 진로를 탐색하고 창의성을 키우며 인성을 함양하는 시간을 주기 위해 수능을 쉽게 출제한다는 뜻입니다.

학부모님들께서 학생이던 시절에는 "일단 대학에만 가면 네가 하고 싶은 건 마음대로 할 수 있다"는 말을 많이 들으셨을 겁니다. 어쩌면 같은 말을 자녀에게 하셨는지도 모릅니다. 하지만 청소년기에는 그때 해야 할 고민과 선택이 있습니다. 이제는 '네 꿈을 실현하기 위해 필요한 공부가 무엇이고 그것을 위해 대학에서 무엇을 전공해야 하는가?'라는 질문을 할 때입니다. 이 질문에 자녀가 행복한 미래를 개척하는 방법이 담겨 있기 때문입니다.

대학알리미 www.academyinfo.go.kr

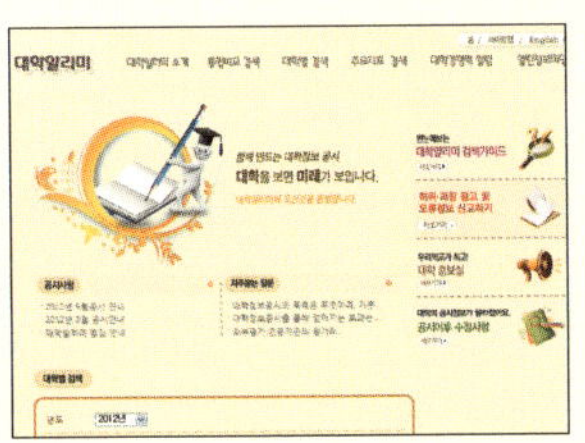

「교육관련기관의 정보공개에 관한 특례법」에 따라 대학의 공시정보를 담고 있는 사이트. 학생과 학부모가 쉽고 편리하게 객관적이면서 투명한 대학 정보를 확인해 진로에 참고할 수 있다. 현재 총 439개의 학교가 공시대상 학교에 포함돼 정보를 공개하고 있다. 사이트에서는 통합비교 검색, 대학별 검색, 주요 지표 검색 등 다양한 검색을 제공하고 있으며 개별대학 공시는 연도별 정보를 공개하고 있어 더욱 유용하다. 특히 각 대학의 취업률과 중도탈락률, 등록금과 장학금 등 학교 선택 시 고려사항이 되는 정보도 참고하면 좋다.

워크넷 www.work.go.kr

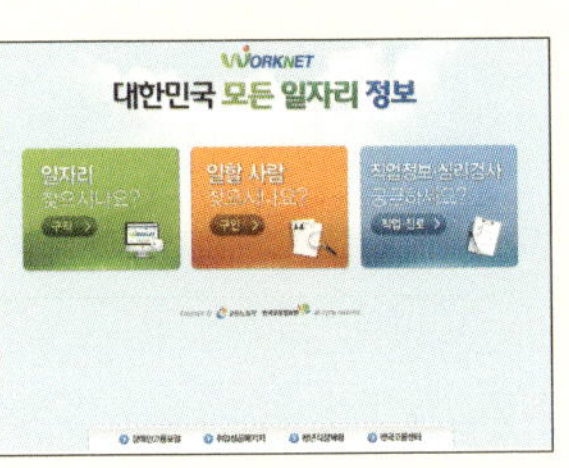

진로 계획에 가장 도움이 될 만한 코너는 '직업진로' 코너이다. 직업진로 코너는 크게 세 가지 내용으로 구성돼 있다. '직업심리검사'는 무료로 직업적성검사를 받아볼 수 있다. 적성검사, 직업흥미검사, 학과계열흥미검사, 직업인성검사 등 7가지 청소년용 무료 심리검사를 통해 대학 진학 준비에 앞서 자신의 적성을 파악하는 데 도움을 받을 수 있다. '직업, 취업, 학과 정보'는 테마별 직업의 근무환경과 관련 적성, 수입과 전망 등을 알아볼 수 있고 계열별 학과 소개와 사회 진출 분야 등도 소개돼 있다. 개별 진로 상담도 진행하고 있으므로 혼자 막연하게 고민만 하지 말고 상담을 활용해보는 것이 좋다. 일찍이 진로를 염두에 두고 있는 학생이라면 관련된 취업교육이나 공모전 정보를 미리 확인해 챙겨두는 것도 좋다.

필통톡 Point

- 고등학교 진로교육은 어느 대학에 갈 수 있느냐 없느냐가 아니라, 졸업 후 자신의 미래를 어떻게 그려나가고 결정해나갈 수 있는지 그 역량을 키우는 데 초점을 맞춰야 한다.

- 소질과 적성에 맞는 진로를 선택하고 거기에서 최선을 다할 때 행복한 미래도 가능하다.

- 꿈은 바뀔 수 있다. 문제는 자신의 꿈을 찾지 않는 것이다.

- 고등학교에서도 자신의 꿈을 찾기 위해 진로 체험활동과 진로적성검사가 꾸준히 이뤄져야 한다.

- 진로와 관련된 고민이 있을 때는 언제든지 각 학교에 배치된 진로진학상담교사의 도움을 받을 수 있다.

02

수능 점수로만
평가받기에는 억울하지 않나요?

"학원에 물어보니 체계적으로 스펙을 만들고 관리해줘야 한다고
한다. 신문에서 본 것과 달라서 주위 엄마들에게 물어봤더니 대답
이 제각각이다. 일단은 성적이 중요하다는 엄마도 있고, 그렇지 않
다는 엄마도 있다. 내세울 만한 스펙이 없다면, 엄마가 일일이 챙
겨줄 수 없다면 입학사정관전형은 일찌감치 포기하라는 분도 있
었다. 도대체 뭘 어떻게 해야 할지 모르겠다. 괜히 듣도 보도 못한
제도를 만들어서 혼란만 가중시키고 있는 건 아닌지……. 교육과
입시 앞에서 학부모는 약자인 것 같다."

어떻게 잠재력을 객관적으로 보고 선발한다는 거죠?

아이가 중학교 다닐 때와는 또 다르게 대입제도가 바뀌었네요. 혼란스럽게 왜 자꾸 입시제도를 바꾸는 거죠?

입시제도가 자꾸 바뀌어서 혼란스럽다는 분도 계시고 초등학교 때부터 수능을 기준으로 준비를 해왔는데 갑자기 바뀌어서 당혹스럽다는 학부모님도 계십니다. 다른 한쪽에서는 더 빨리, 대대적으로 바꿔야 한다는 의견도 있습니다.

입시제도가 바뀌는 데는 두 가지 이유가 있습니다.

첫째는 세상의 변화입니다. 교육의 목적은 사회에 필요한 인재를 육성하고 개인이 각각의 행복한 삶을 살 수 있는 역량을 길러주는 것입니다. 그런데 세상이 바뀌면 인재의 기준도, 행복한 삶의 기준도 달라집니다. 그러니까 교육과정 역시 달라질 수밖에 없습니다. 입시제도는 학교 교육과정을 충실하게 이행했는지를 평가하는 제도이기 때문에 교육과정이 달라지면 입시제도도 그에 맞게 바뀌어야 하는 것이죠.

과거 산업화시대 우리나라 교육의 목표는 선진국의 기술을 빨리 배우는 것이었습니다. 빨리 배우고 잘 따라 하는 것이 목표이므로 주입식 암기 교육을 했습니다. 그런 가운데 우리나라도 발전을 했고, 지금은 지식기반 사회가 됐습니다. 지식이 가치를 창출하는 원천이자 세상을 움직이는 힘인 사회는 문제해결 능력, 창의력, 리더십, 봉사정신 등 다양한 능력을 요구합니다. 이에 맞춰 학교교육도 학생들이 창의성과 인성, 리더십, 봉사정신 등 '지덕체'를 균형 있게 갖추도록 변화하고 있습니다.

학교 교육과정이 달라졌으니 입시제도도 바뀌어야 합니다. 창의성과 인성을 강조하고, 시험으로는 평가할 수 없는 다양한 잠재력과 소질을 가진 학생을 선발해야 하는 것입니다. 그러한 변화의 선두에 서 있는 입시제도가 '입학사정관전형'입니다.

둘째는 우리나라의 교육이 남보다 1점이라도 더 받기 위해 치열하게 경쟁하고 사교육에 의존하는 등 여러 부작용을 안고 있었기 때문입니다. 이 부분은 더 설명드리지 않아도 잘 아실 것이라고 생각합니다.

하지만 교육제도는 단번에 바꾸기가 어렵습니다. 결국 완만하게 점차적으로 바꿔갈 수밖에 없죠. 어떤 학부모님께서는 느리게 느껴지실 것이고 또 다른 학부모님께서는 빠르게 느껴지실 것이라 생각합니다. 학생과 학부모님, 학교 현장과 소통하고 부족한 부분을 개선해나가면서 그 속도를 조절하려고 노력하고 있습니다.

고등학생 자녀를 보면 한 번 보는 수능 때문에 정신적으로 너무나 많이 힘들어해서 보는 엄마가 마음이 아픕니다. 교육과학기술부에선 입시 지옥의 대안으로 입학사정관제를 내놓은 것 같은데 이 제도는 무엇이고

'고등학교 때 꿈을 꾸면서 자신의 삶을 개척한 학생은 대학 이후에도 꿈을 꾸면서 자신의 삶을 개척할 수 있을 것이다. 초·중등학교 때부터 자기주도적으로 학습하고 다양한 활동들을 통해 스스로 문제해결 경험을 가져봤다면 그 학생은 대학에서도 잘 적응할 수 있을 것이며 사회에서도 좋은 인재로 성장할 수 있을 것이다.'

이것이 입학사정관제의 기본 골격입니다. 점수로는 알 수 없는 창의성, 재능, 인성을 종합적으로 평가하는, 한마디로 '사람'을 보는 제도라고 말할 수 있습니다. 사람은 각기 다양한 재능을 가지고 있습니다. 시험 성적이라는 기준만으로는 다양한 재능, 소질, 흥미를 가진 학생을 발굴할 수 없습니다.

사회에 진출했을 때 필요한 것은 자신이 가진 재능입니다. 그것을 발전시켜나가면서 제 몫을 해내는 것이죠. 그런데 시험 성적만을 기준으로 하면 적어도 청소년기까지는 자신의 재능을 발전시킬 기회가 없습니다. 그 시간에 다른 과목을 공부해야 하니까요. 사회에 나가면 남들과 다른 것이 장점이 되는데, 학교에서는 같아지려고 해야 하는 것이죠.

입학사정관제는 대학의 건학이념이나 모집단위의 특성을 고려해 학생을 선발합니다. 시험 성적이 조금 떨어지더라도 종합적인 품성이 학교의 인재상에 부합하는 학생을 뽑는 것입니다. 대학마다 원하는 인재상이 다르므로 입시에 다양한 기준이 존재하고 따라서 다양한 학생들에게 많은 기회가 주어집니다.

2012년 현재 5년차에 접어들고 있는데 입학사정관전형을 도입한 대학교는 125개교이며, 이들 학교에서 입학사정관전형으로 뽑고 있는 입학생은 전체 대학 입학정원의 13.5%입니다.

새로운 제도를 설명할 때는 항상 그럴 듯해 보이지만 실제로 적용했을 때는 취지가 살아나지 않는 경우도 많잖아요. 성적이 조금 떨어져도 괜찮다고 했는데 입학사정관전형으로 입학한 학생들은 대학생활에 잘 적응하고 있나요?

처음 시행할 때는 대학 내부에서도 그런 걱정이 있었습니다. 그런데 요즘은 완전히 바뀌었습니다. 어떤 교수님은 "입학사정관전형으로 들어온 아무개 같은 학생만 뽑을 수 있다면 신입생 전원을 입학사정관전형으로 뽑고 싶다"는 말씀도 하신다는군요.

실제로 입학사정관전형으로 입학한 학생은 대학 수업에 빠르게 적응하고 학교생활에도 적극적으로 참여하는 등 학교 만족도가 높습니다. 또 중도에 학교를 그만두는 학생도 적다고 합니다.

건국대학교에서 입학사정관전형으로 입학한 학생들을 몇 년간 관찰하면서 연구를 했는데 1, 2학년 때보다는 전공심화 과정이 진행되는 3학년 때 일반전형으로 입학한 학생들보다 학업성취도가 향상된 것으로 나타났습니다. 이외에도 전공 모임을 구성하거나 공모전 등 다양한 활동을 통해 자신의 잠재력을 발현하고 있다고 합니다. 단국대학교의 신입생 실태 및 의식 조사 보고서에 따르면 입학사정관전형으로 선발된 학생들의 약 92.1%가 학교생활에 만족하고 있고, 학업성취도도 일반전형으로 선발된 학생들보다 높게 나타났다고 합니다.

이들 학생은 졸업한 이후에도 자신이 선택한 분야에서 성공적으로 성장해나갈 것으로 예상할 수 있습니다. 학벌보다는 적성과 능력 위주의 대학 진학, 학과 선택이 직업적으로도 성공하고 나아가 행복한 삶을 사는 데도 도움이 된다는 것입니다.

입학사정관전형으로 입학하려면 어떻게 준비하죠?

저희 아이도 입학사정관전형으로 입시 준비를 하고 싶은데요. 학부모에게는 익숙하지 않은 제도라서 무엇부터 준비해야 할지 모르겠습니다. 입학사정관제는 어떤 절차로 진행되는 건가요?

우선 입학사정관들은 학생들이 제출한 학교생활기록부학생부, 자기소개서, 교사추천서 등을 다양한 평가 기준을 통해 종합적으로 평

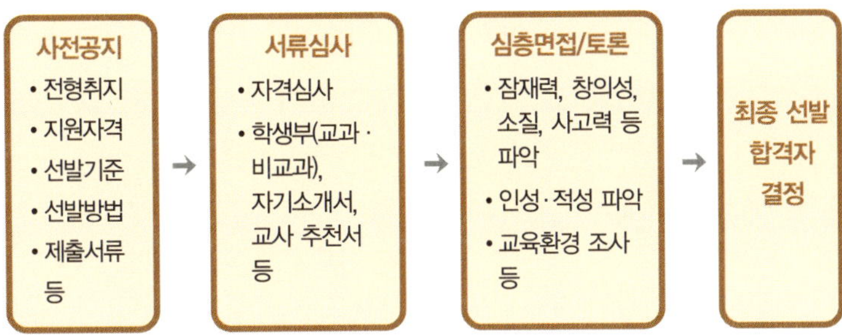

가합니다. 이 중 가장 중요한 평가 자료는 학교생활기록부입니다. 학생부를 통해 학교 내에서 어떤 활동을 했는지를 창의성, 인성, 잠재력 등의 기준에 따라 평가합니다.

1차 서류 평가를 통과한 학생은 이후 2차 면접을 보게 됩니다. 서류에 기재된 내용을 면접을 통해 다시 한 번 확인하게 되는데, 학생들이 살아온 이야기들을 듣고 서류에 기재된 내용의 진위 여부를 확인하기도 합니다. 또 서류에서 미처 발견하지 못했던 새로운 장점을 발견하기도 합니다.

사람을 다양한 활동을 통해 판단한다는 게 점수로만 판단하는 것보다 일견 타당해 보이기도 합니다. 하지만 쉬운 일은 아니잖아요. 아무래도 사람이 사람을 평가하는 것이니까요. 어떤 방법으로 한 사람의 온전한 모습을 보고 평가하겠다는 건가요? 특히 입학사정관의 역할이 굉장히 중요할 것 같은데 이분들의 공정성 등은 어떻게 담보할 수 있나요?

입학사정관제를 두고 학부모님들께서 가장 걱정하시는 부분이 입학사정관의 능력과 공정성일 것입니다. 입학사정관 한 명이 독자적으로 학생을 선발한다면 우려하시는 일이 생길 수도 있을 것입니다. 하지만 지금 입학사정관제는 다수의 입학사정관들이 참여해 다단계로 평가를 하게 돼 있습니다. 이는 공정성과 함께 한 사람의 평가가 학생의 합격 여부에 미치는 영향을 최소화하기 위해서입니다.

서류를 평가할 때는 입학사정관들이 서로에게 영향을 미치지 못하도록 독립적으로 평가를 합니다. 입학사정관 개인이 갖고 있는 경험을 내려놓고 그 학생의 맥락에서 평가를 하도록 하고 있습

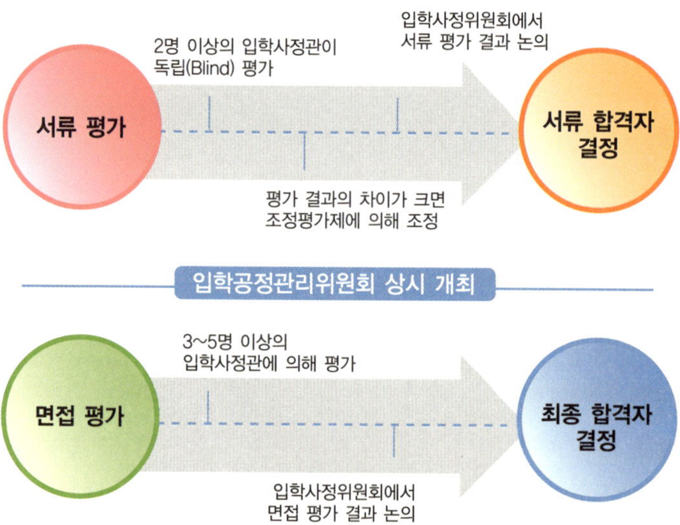

니다. 그럼에도 불구하고 한 학생의 서류에 대한 각 입학사정관의 평가에 대한 차이가 크면 재심위원회로 넘어가서 새로운 입학사정관들이 평가를 하게 됩니다. 이러한 과정을 거친 이후에 서류합격자가 결정됩니다.

면접 평가에서는 3명 이상의 입학사정관들이 평가를 합니다. 이 과정으로 선발된 합격 대상자들에 대해 입학사정관들이 모두 참여하는 입학사정관 심의위원회 협의를 거치게 되며, 입학처장 등 학교 구성원으로 이뤄진 입학사정위원회를 통해 합격자를 최종 결정합니다. 면접에서도 면접관들 사이의 점수 차이가 클 경우 재심위원회가 구성됩니다. 다만 이때는 학생을 다시 불러 면접을 할 수 없기 때문에 재심위원회에서 면접관들을 인터뷰합니다. 면접관들은 왜 이 지점에서 이런 점수를 줬는지 그 근거를 설명해야 합니다. 그 이후에 논의를 거친 다음 결정을 하게 됩니다.

이와 같은 모든 과정은 대학별 입학공정관리위원회를 통해 공정성과 객관성을 확보하고 있습니다. 다음은 입학사정관이 기억하는 학생들의 사례입니다. 어떤 부분을 입학사정관들이 가장 중점을 두고 보는지 아실 수 있을 것입니다.

서강대학교 유신재 입학사정관 | 2011년 특기자 전형으로 입학한 학생이 있었습니다. 그 학생은 지방에 있는 고등학교를 다녔는데 어려서부터 아버지의

영향으로 철학과 신학에 관심을 가지게 됐습니다. 자신의 관심을 윤리 선생님과 상담하면서 자신의 꿈으로 구체화시켰고, 꾸준히 자신의 철학적 관심을 노트에 적어서 정리했습니다. 이를 바탕으로 철학과 신학을 통합하는 학자가 되겠다는 꿈을 이루기 위해 꾸준히 노력했기 때문에 교내외 대회에서 우수한 수상 성적을 올릴 수 있었습니다.

하지만 이 학생은 수학 과목에 대한 능력이 떨어지는 약점이 있었습니다. 이를 보완하기 위해 전공에 관련된 학업능력을 더 열심히 해서 다른 학생에게 뒤지지 않는 좋은 성적을 유지했습니다. 면접 때 확인한 이 학생의 철학적 능력은 일반 고등학생의 수준을 뛰어넘어 대학 3~4학년생에 버금가는 수준이었으므로 우수한 성적으로 합격할 수 있었습니다.

우선 학생들은 자신의 꿈이 무엇인지, 적성과 진로가 무엇인지를 찾아야 합니다. 이런 꿈을 이루기 위해 학교생활을 통해 기초학업능력을 쌓고 어떤 활동을 해야 하는지를 정해야 합니다. 혼자 고민하기보다는 선생님, 부모님과 함께 자신의 진로와 적성을 찾고 목표를 정한 다음 그 목표를 이루기 위해 열심히 노력해야 합니다. 실적과 스펙에 연연하지 마십시오. 자신이 정한 학업과 활동의 목표를 이루기 위해 한 노력들을 사례 중심으로 정리하고, 그것을 체계화하는 것이 더 중요합니다. 겉으로 드러난 성과보다는 그것을 통해 느끼고, 배우고, 자신의 삶에 어떤 영향을 미치고 있는지가 더 중요합니다. 따라서 이러한 것들을 성찰하는 훈련도 병행한다면 입학사정관전형을 준비하는 데 많은 도움이 될 것입니다.

건국대학교 김경숙 입학전형전문교수 | 고등학교 3년 내내 발명동아리 활동을 한 남학생이 있었습니다. 그러면 이 학생이 입학사정관전형으로 생각할 수 있는 학과는 IT 계열이나 공과대 정도라고 생각하기 쉬운데요. 이 학생은 광고홍보학부에 지원을 했습니다. 그런데 덜컥 합격을 했어요. 제가 면접을 보지는 않았는데요. 나중에 합격하고 나서 보니까 서류 평가 점

수는 높지 않은데 면접 점수가 월등히 높더군요. 어떻게 된 일인지 알아보니 이 학생이야말로 입학사정관전형을 잘 이해하고 그에 걸맞은 지원을 했다는 생각이 들었습니다.

이 학생은 3년 동안 발명동아리를 했는데 자기는 발명 아이디어가 없답니다. 거기다 아이디어를 구현할 손재주도 없답니다. 그런데 만들어진 발명품을 심사위원들에게 어필하는 재주가 있었던 겁니다. 광고홍보학부와 딱 맞는 재능이지요.

많은 학생이 다양한 활동을 하긴 했는데 그것을 어떻게 자신의 특성으로 어필할까를 걱정하는데요. 이 학생처럼 연결고리가 중요합니다.

비슷한 예로 장애우 학교에서 꾸준히 봉사활동을 한 학생이 있었어요. 어떤 학과가 떠오르세요? 사회복지 관련 학과가 생각나실 텐데요. 이 학생은 영화영상학과에 지원했습니다.

이 학생은 봉사활동을 하면서 장애우의 인권에 관심을 갖게 됐습니다. 인권에 대한 공부를 하면서 그들의 인권을 위해 다큐멘터리를 만들어야겠다고 생각했습니다. 그 다큐멘터리로 작은 영화제에서 상을 받기도 했더군요. 얼마 전 그 학생에게서 학점을 4.5점 만점 받았다는 문자를 받았어요. 교수님들도 정말 그와 같은 학생만 들어온다면 100% 입학사정관전형으로 뽑고 싶다고 말씀하시더군요.

인성을 함양한다는 의미에서 봉사활동은 중요합니다. 그런데 이것이 입학사정관전형으로 연결되려면 그것이 자신이 성장하는 계기가 될 수 있는 경험이 중요합니다.

네, 그렇습니다. 기본적으로 사교육 없이 학교생활을 충실히 하면서 자기주도적으로 학습한 학생, 자신의 흥미와 적성을 고려해 전공을 탐색하고 다양하게 활동한 학생, 잠재력이 있는 학생, 인성을 갖춘 학생 등이 좋은 평가를 받을 수 있습니다.

구체적인 평가영역은 교과관련활동, 창의적 체험활동, 학교생활충실도 및 인성·적성, 학습환경 등 네 가지로 나누어져 있습니다. 그러면 하나하나 살펴보도록 하겠습니다.

교과관련활동에서는 성적도 보지만 학교생활의 충실성, 책임감 등을 함께 평가합니다. 예를 들어 1학년 때 내신성적이 좋지 않았다고 하더라도 학년이 올라갈수록 높아진 학생이라면 그 성실

입학사정관제 - 정성적 종합평가

평가 영역	평가 요소
교과관련활동	교과성적, 학년별 성적 추이, 학업 관련 탐구활동, 교과관련 수상 실적, 방과후학교 활동
창의적 체험활동	독서 활동, 자격증 및 인증, 진로탐색 및 체험활동, 동아리활동, 봉사활동, 방과후학교 활동
학교생활충실도 및 인성·적성	공동체의식, 리더십, 학업의지, 특별활동, 출결상황, 교사의 평가
학습환경	가정환경 및 자기극복의지, 학교 여건, 지역의 교육 여건

성을 인정받아 좋은 결과를 얻을 수 있습니다.

요즘 대학들은 '배려와 나눔을 아는 인재'를 선호하고 강조하는데요. 이를 평가하는 것이 창의적 체험활동 영역입니다. 이와 관련해 지원 학과와 창의적 체험활동의 내용이 일치해야 하는지 질문을 많이 하시는데요. 꼭 일치해야 할 필요는 없습니다. 동아리를 비롯해 여러 활동을 하면서 배려와 나눔을 배우고 자신의 인성을 풍부히 가꿔나갔다면 입학사정관전형에 적합한 학생이라는 평가를 받을 수 있습니다.

셋째는 학교생활충실도 및 인성·적성입니다. 공동체의식, 리더십, 학업의지 등을 평가하는 데 최근 가장 중요하게 여겨지고 있는 부분입니다. 출결에 신경을 써주시고 교내 활동에 관심을 가지고 적극적으로 참여하시면 됩니다.

마지막으로 학습환경입니다. 학생이 주어진 환경에서 얼마나 열심히 학습했느냐를 평가합니다. 지역에 따라 교육환경이 열악할 수 있고 체험할 수 있는 곳도 부족할 수 있습니다. 이런 지역에서 생활한 학생과 환경이 좋은 지역의 학생을 동일하게 평가할 수는 없겠죠. 중요한 것은 학생이 자신에게 주어진 환경에서 얼마나 열심히 했는지입니다.

다시 한 번 강조해드리지만 입학사정관제는 학교별로 전형 유형이 많고 반영 요소도 다양합니다. 따라서 어느 대학의 어느 입학사정관전형이 자신에게 맞는지를 꼼꼼하게 따져보는 것이 중요합니다. 각 대학의 사이트는 물론이고 대학입학상담센터http://univ.kcue.
or.kr 사이트를 꼭 참고하시기 바랍니다.

사실 이렇게 설명을 드려도 학부모님 세대에서는 경험해보지
못한 제도라서 뭘 어떻게 준비해야 하는지 구체적으로 다가오지
않으실 것입니다. 또 다른 사례들을 들어보시면 이 제도를 이해하
는 데 도움이 될 것입니다. 다음은 입학사정관전형으로 건국대학
교 경영학과에 진학한 김다솜 학생과 연세대학교 국어국문학과에
진학한 서채리 학생의 사례입니다.

건국대학교 경영학과 김다솜 학생 | 처음부터 입학사정관전형을 준비한 것
은 아니었습니다. 저는 중학교 때부터 경영인이 되고 싶다는 확고한 꿈이
있었고 그 꿈을 이루려는 노력이 자연스럽게 입학사정관전형으로 이어졌
습니다. 무엇을 하든 우선 분야에 대한 기초적인 지식이 있어야 한다고 생
각해서 고등학교 1학년 때부터 혼자 경영, 경제, 금융에 대해 공부했고 관
련 도서를 읽었습니다. 1학년 때 쌓은 지식을 바탕으로 펀드 등 금융상품
에 투자를 해보기도 하고 청소년 경제지 객원기자 활동, 경제 · 경영시험의
홍보대사 활동을 하고 경제 관련 모의대회를 진행하기도 했습니다. 이런
활동들 덕분에 경영학회에서 일을 하고 경제단체에서 칼럼을 연재하기도
했습니다. 고등학교 시절을 꿈을 이루기 위한 다양한 활동을 하며 지내다
보니 자연스럽게 분야에 대한 지식이 쌓였고 사람과 상황에 대한 융통성
및 대처능력이 생겼던 것 같습니다.
제일 힘들었던 것은 주변의 인식이었습니다. 지방은 수도권보다 입학사정
관제를 모르는 분들이 더 많았습니다. 제가 다양한 활동을 하는 것을 본

어른들은 "학생이 공부를 해서 대학에 갈 생각을 해야지, 자꾸 다른 곳에 시간을 쓰면 어떡하느냐"고 말씀하시는 분들이 많았습니다. 저를 설득하려는 분들도 많았죠. 하지만 지금은 초창기와 달리 학교 내에도 다양한 프로그램들이 많이 개설돼 있습니다. 교과 공부를 충실히 하면서 학교 내에서 이뤄지는 동아리, 창의적 체험활동, 봉사활동 등에 적극적으로 참여하면 좋은 결과가 있을 것이라고 생각합니다.

연세대학교 국어국문학과 서채리 학생 | 저는 어렸을 때부터 우리말, 문학, 글쓰기에 관심이 있었습니다. 그러던 중 고등학교 1학년 때 입학사정관전형으로 대학에 진학한 선배의 대학 합격 수기를 보고 입학사정관전형에 도전해봐야겠다고 생각했습니다. 그렇다고 무조건 스펙을 쌓으려고 하지는 않았어요. 평소에 하던 대로 특기와 흥미를 살려 여러 교내 대회에 참여하고 국문학 분야에 대해 심도 있게 공부하면서 활동 영역을 넓혀갔습니다. 중구난방식의 경시대회 참여나 스펙 쌓기가 아니라 진심으로 본인이 원하는 분야에 대해 일관성 있게 준비하는 것이 좋은 평가를 받는 길이 아닐까 생각합니다.

또 학교 선생님들께 적극적으로 조언을 구하면서 고쳐야 할 부분을 피드백 받기도 했는데요, 그런 부분들을 고쳐나가는 과정이 저의 스토리가 됐다고 생각합니다. 문화매체를 비평하는 동아리 활동을 하고 봉사활동도 주기적으로 했습니다. 3학년 때는 프랑스의 논술시험인 바칼로레아에 나온 문제들을 엮은 책을 이용해 철학적 토론을 하는 자율토론학회를 만들어 활동하기도 했습니다.

입학사정관전형을 준비하면서 가장 큰 힘이 된 것이 독서라고 생각합니다. 독서를 통해 전공에 대한 지식이 쌓이고 그에 따라 흥미와 열정 역시 높아지기 때문입니다. 이러한 활동들이 전공 적합성과 열정을 증명하기에 가장

사실 어른들도 자기소개서를 쓰라고 하면 뭐부터 시작해야 할지 막막하잖아요. 아이들은 더할 거고요. 어떻게 자기소개서를 작성해야 높은 점수를 받을 수 있나요?

잘 만들어진 드라마의 인물들은 현실에도 있을 것만 같습니다. 인물들 간의 갈등 역시 설득력이 있죠. 반면 흔히 막장드라마라고 불리는 드라마들의 사건 하나하나는 참 충격적인데 전체 이야기의 구조는 엉망입니다.

자기소개서도 이와 유사합니다. 합격자의 자기소개서는 자신의 현재 능력을 잘 표현함은 물론이고 학교생활기록부, 자기소개서, 포트폴리오 등이 하나의 이야기 구조에 녹아 있습니다. 반면에 나쁜 점수를 받은 자기소개서들은 이야기가 없는 사건, 즉 화려한 경력들로만 채워져 있는 경우가 많습니다.

자기소개서의 목표는 남과 다른 나를 표현해서 자신만의 특별함을 강조하는 것입니다. 봉사활동이든 동아리활동이든 누구나 같은 활동을 할 수 있습니다. 그러므로 했다는 것 자체는 전혀 특별할 것이 없습니다. 정말 특별한 것은 그러한 활동을 하는 과정에서 일어난 자기 내면의 변화입니다. 이것은 절대로 남과 같을 수가 없습니다. 활동의 과정을 통해 어떻게 성숙해왔는지를 진솔하고 객관적으로 기술해야 합니다.

예를 들어 두 명의 학생이 같은 캠프에 다녀왔습니다. 한 학생은 이렇게 씁니다. "저는 A 캠프에 참석해서 '가' 활동과 '나' 활동을 했습니다. 참 의미 있었습니다." 다른 학생은 이렇게 씁니다. "저는 A 캠프에 참석해서 '가' 활동과 '나' 활동을 했습니다. 그중 '가' 활동은 저의 B 역량을 개발하는 데 도움을 줬으며, C 부분에 대한 호기심을 자극해 이후에 '다' 활동을 하는 계기가 됐습니다." 어느 쪽이 높은 점수를 받을지는 분명합니다.

학습 경험, 교내외 활동, 지원 동기, 진로 계획, 장래희망 등도 하나의 스토리를 가지면서 긴밀하게 연결되는 것이 좋습니다. 이는 단순히 서술상의 문제가 아니라 실제적인 활동이 서로 연결돼야 하는 것입니다. 표현이 명확하고 단순 명료한 문장이라면 자신의 의사가 더 명확하게 전달될 것이고 그러면 높은 평가를 받는 데 유리할 것입니다. 한 가지를 덧붙이자면 '표현이 명확하고 단순 명료한 문장'으로 기술하려면 자신에 대한 깊은 성찰이 있어야 합니다. 그래야 경험들이 단순 명료하게 정리될 테니까요.

가장 중요한 것은 자신감입니다. 앞에서 서채리 학생이 모의면접에서 보였던 '나쁜 버릇'들은 자신감 없고 불안할 때 나오는 행동들입니다. 자신감이 없으면 면접관에게 시선을 맞추지 못하고 주변을 두리번거리게 됩니다. 목소리도 작아지게 되죠. 다른 지원자들을 지나치게 의식하게 됩니다. '나를 있는 그대로 보여주겠다'는 생각이 아니라 '경쟁자들을 이겨야 한다'는 생각에 사로잡히면 필요 없는 말을 길게 늘어놓게 됩니다. 감점 요인이 되는 거죠. 만약 답변을 차별화하고 싶다면 본인의 실제 경험을 들려주면 됩니다. 바로 있는 그대로의 자신을 보여주는 것입니다.

집단토론 면접에서는 논쟁에서 이기는 것이 아니라 소통 능력을 보여주는 것이 좋습니다. 반박할 부분이 있으면 논리적으로 반박하되 인정할 부분은 인정해가면서 토론을 이어가는 것이 좋은 점수를 받습니다.

간혹 면접 준비를 지나치게 해서 '꼭 이 말을 해야겠다'고 마음먹고 오는 경우가 있습니다. 그러다가 자칫하면 면접관의 질문을 오해하고서는 준비한 말만 늘어놓게 됩니다. 꼭 하고 싶은 이야기가 있고 그럴 기회가 없었다면 모든 질문이 끝난 뒤에 면접관의 허락을 구한 뒤 말을 하면 됩니다.

마지막으로 실수를 했을 때입니다. 면접관의 질문에 틀린 답을 할 수도 있습니다. 면접관이 그것을 지적할 때 당황해 하면서 어쩔 줄 모르는 학생도 있습니다. 면접관이 실수에 대처하는 학생의 태도를 보려고 일부러 틀렸다고 하는 경우도 있습니다. 틀린 답을 말했을 때는 실수를 인정하고 어떤 부분이 틀렸는지 알려고 하는 자세가 좋은 평가를 받습니다.

성적 챙기랴 교과외 활동 챙기랴 부담만 늘었어요

김다솜 학생이나 서채리 학생의 이야기를 들어보니 진로를 일찍 결정해야 되겠군요. 그래야 자기 진로와 관련한 다양한 경험을 할 수 있을 테니까요. 그런 면에서 보면 일반고보다 진로를 빨리 정한다고 볼 수 있는 특목고 학생에게 유리한 제도가 아닌가 하는 생각도 드는데요?

자신의 진로를 일찍 정하면 관심 분야의 경험을 많이 할 수 있으니 유리한 것이 사실입니다. 하지만 경험이 많다고 무조건 좋은 점수를 받는 것은 아닙니다. 어떤 경험을 어떻게 했는지, 거기에서 무엇을 느꼈는지와 같은 독창적인 경험이 중요합니다. 진로를 일찍 찾지 못했다고 하더라도 그것을 탐색하는 과정에서 자기주도적으로 충분히 고민하고 그 결과, 해당 대학 및 모집단위에 지원했다는 내용을 제시한다면 충분히 좋은 평가를 받을 수 있습니다. 결과보다는 과정이, 경험의 양보다는 질이 중요하다는 말씀을 드리는 것입니다.

입학사정관제 도입 후 고교, 지역, 소득 등과 관련한 신입생의 구성이 다양해지고 있습니다. 특목고 학생에게 유리한 제도가 아니라는 거죠. 오히려 입학사정관제는 사교육 없이 공교육을 충실하게 이수한 학생의 소질, 적성, 창의성, 잠재력 등을 종합적으로 고려해 선발하므로 사회적 약자에게 기회를 제공하는 제도입니다.

앞으로도 교육과학기술부는 입학사정관제 지원 사업을 통해 '신입생 구성의 지역적 다양성'을 확보하는 대학에 재정적인 인센티브를 지속적으로 부여할 계획입니다.

신입생 구성의 다양성 확대 추이

구분	도입 전 평균	도입 후 평균	비 고
고교의 다양성 (합격자 배출 고교 수)	674교	750교	76교 증가
지역적 다양성 (합격자 배출 시·군·구 수)	162개	173개	11개 증가
소득의 다양성 (합격자 중 기초생활수급자 수)	49명	71명	22명 증가

※ 2012년 입학사정관제 정부 지원 66개 대학 기준

정말 경험의 양보다는 질이 중요한가요? 면접은 둘째 치고라도 우선 서류에서 좋은 점수를 받으려면 경험이 많은 것이 중요하지 않을까요? 실제로 주위에서 학교생활기록부에 한 줄이라도 더 써넣으려고 돈과 시간을 들이는 경우를 많이 봅니다. 그러면 우리 아이도 그렇게 해야 되는 건 아닌지 불안합니다.

앞서 말씀드렸듯이 입학사정관전형은 과정을 중요시 여깁니다. 사교육을 통해, 또는 돈을 많이 들여서 만든 화려한 스펙이 아닌 학교생활을 충실히 이수한 학생이 자기주도적으로 고민하고 이를 행동으로 이어나가는 '과정'이 평가의 대상입니다.

화려한 스펙으로 좋은 점수를 받을 수 있다면 경제적으로 여유 있는 가정의 학생이 월등히 유리한 것입니다. 이 같은 현상을 막고자 2010학년부터 입학사정관전형에서는 토익, 토플, 텝스 등 공인 어학시험성적, 교과관련 교외 수상 실적, 해외 봉사활동 등 학교 밖에서 이뤄진 스펙은 전형요소에 반영하지 않도록 하고 있습니다. 즉 철저히 학교생활의 충실도를 기본으로 해 평가한다고 할 수 있습니다. 다양한 경력과 경험만을 나열한다거나 자신의 경험을 지원 전공이나 진로와 연결하지 못하는 경우에는 불합격할 가능성이 높습니다.

한 사례를 말씀드리면 한 문예지에 자신의 글이 당선된 경력을 갖고 있는 학생이 있었습니다. 이 정도면 글 솜씨를 인정받았다고 볼 수 있습니다. 이 학생이 국어국문학과에 지원했는데 1차 서류 평가에서 떨어지고 말았습니다. 왜일까요? 그 학생의 학생부 기록에는 교내에서 활동한 내용이 전혀 없었습니다. 교내의 글짓기 대회, 논술 대회 등 많은 활동이 있었을 텐데 단 한 건의 활동도 하지 않았던 것입니다. 이는 학교생활에 충실하지 못했다는 증거이기에 심사위원 전원이 불합격을 줬습니다.

입학사정관전형이 다양한 경험을 요구하는 것은 맞지만 학교 내에서의 다양한 활동을 바탕으로 교외로 뻗어나가야 인정받을 수 있다는 것입니다.

학원에 가서 이야기를 들어보니 다르던데요. 학원에서 컨설팅을 받아서 체계적으로 스펙을 관리해야 좋은 점수를 받을 수 있다고 하더군요. 저도 전형에 대해 잘 모르고 아이 혼자 하게끔 맡기는 것보다는 그 편이 훨씬 안전한 것 아닐까요?

경제적인 논리로 말씀드려보겠습니다. 학원은 돈을 벌어야 하는 곳입니다. 같은 자원을 들여 더 많은 돈을 벌려면 효율성을 높여야 합니다. 학원에서는 학생 개개인에 맞춰 컨설팅을 해준다고 하는데, 그러면 효율성이 떨어지게 되죠. 기본적인 틀에서 조금씩 변형해서 적용시켜야 효율성을 높일 수 있습니다.

학생의 독창적인 경험을 이 학원의 기본 틀에 집어넣게 되면 오히려 불리합니다. 지금까지 말씀드렸듯이 입학사정관전형은 같은 학생이 아니라 다른 학생, 즉 독특한 학생을 원하니까요.

입학사정관제 도입 초기에는 제도의 취지를 오해하는 바람에 사교육으로 인한 부작용이 있었습니다. 경험의 내용을 생각하지 않고 대학 진학을 위한 스펙으로 생각하면서 사교육에 의존해 스펙을 관리하려고만 했던 것입니다. 지금도 전공 관련 활동에 지원한 후 활동은 하지 않고 임명장이나 확인서만 받아가는 경우가 있다고 합니다. 이는 껍데기에 불과합니다. 입학사정관교수님들은 워낙 많은 학생을 만난 경험이 있기 때문에 면접에서 몇 마디를 나누다보면 쉽게 들통이 나게 됩니다. 장기적으로 자녀의 미래를 생각해봤을 때에도 대학 입시를 위해 틀에 박힌 스펙을 쌓는 것은 바람직하지 않습니다.

자꾸 경험이나 과정, 자기주도적 고민 등을 강조하시는데 입학사정관전형을 준비하면 성적은 신경 안 써도 된다는 건가요? 서류 심사가 있다면 학교 성적도 중요한 것 아닌가요? 그렇게 되면 학교 성적도 좋아야 하고 추가적으로 입학사정관전형도 준비하려면 입시 부담이 더 심해지는 게 아닌가요?

상당수의 학부모님들께서 오해하고 계신 부분입니다. 맞벌이를 하기 때문에 입학사정관전형은 아예 포기했다는 분의 이야기도 전해 들었습니다. 엄마가 나서서 시간과 돈을 들여 스펙 관리를 해 줘야 한다고 생각하셔서입니다. 만약 입학사정관전형이 그렇게 해야 좋은 성적을 받을 수 있는 제도라면 학생들의 부담만 가중된 다고 할 수 있습니다. 하지만 입학사정관전형은 뭔가 거창하고 대 단한 경험을 요구하는 것이 아니라 충실한 학교생활을 중요시합 니다. 입학사정관전형에서 강조하는 경험 역시 학교생활의 일부 로서의 경험을 의미하는 것입니다. 따라서 스펙 쌓기 등으로 인한 입시 부담이 가중된다고 보기 어렵습니다.

성적은 신경 쓰지 않아도 되느냐고 하셨는데요. 학교성적 역시 학교생활에 포함되는 것이니까 당연히 신경을 쓰셔야 합니다. 성 적은 학생의 기본 학습능력이나 학습태도를 나타내주는 평가지표 로 서류 평가에 기본적으로 포함돼 있습니다. 특히 지원하는 모집 단위와 관련된 성적은 더욱 중요합니다. 다만 성적을 1, 2점 올리 려는 노력을 하지 않아도 된다는 뜻입니다. 너무 떨어지면 안 되겠 지만 10점, 20점 차이가 나도 이를 상쇄할 만한 경험이 있다면 문 제가 되지 않다는 것입니다.

입학사정관제가 축소되거나 없어지면 어쩌죠?

얼마 전 뉴스를 통해 자기소개서를 대필해 지원하는 경우가 있다는 보도 각 대학에서는 2011년부터 대학교육협의회에서 구축한 '유사도 검색 시스템'을 운영하고 있습니다. 접수된 서류는 시스템의 1차 검증을 통해 모방한 서류가 아닌지를 가려냅니다. 그 후에 모의평가와 직무연수 등을 통해 전문성을 쌓은 입학사정관이 다시 내용을 검증하게 됩니다. 마지막으로 대필 의혹이 있는 경우에는 심층면접, 구술을 통해 진위를 재검증하게 됩니다.

얼마 전 입학사정관전형 심사 과정에서 많은 지원자의 자기소개서가 표절검사에서 탈락됐다고 합니다. 지난해에 합격한 선배의 자기소개서, 학교는 다르지만 좋은 성적을 받았던 형의 자기소개서, 블로그 등에서 발췌한 문구들을 썼다가 발각된 것입니다. 대필한 자기소개서는 평가 과정에서 걸러질 수밖에 없다는 점을 다시 한 번 말씀드립니다.

많이 지적받고 있고, 죄송한 부분입니다. 제도의 변화가 필요하고 이에 따라 고등학교 교육의 변화를 이끌어내려면 우선적으로 대학이 일정 비율 이상을 입학사정관전형으로 뽑아야 합니다. 그러다 보니 학부모님과 학생의 입장에선 준비할 시간이 부족한 면도 있었습니다.

이러한 부작용을 최소화하기 위해 가능하면 학교 안에서 하는 활동만을 전형 심사에 반영할 수 있도록 하고 있습니다. 부모님께서 적극적으로 도움을 주시고 준비한다는 생각보다는 자녀 스스로 자신의 진로를 탐색하면서 스토리를 만들어가는 것이라고 생각해주십시오.

입학사정관제는 미래 사회에 필요한 글로벌 인재를 선발하기 위한 선진적인 제도이므로 정부가 바뀌더라도 지속적으로 추진될 수밖에 없는 교육정책입니다. 2011년 12월 국회에서 '고등교육법'이 개정돼 지속적으로 추진할 법적 근거가 마련됐습니다. 학교 현장과 대학에서도 다양한 긍정적 변화가 나타남에 따라 대학과 고교 현장에서 입학사정관제가 지속되기를 원하고 있습니다. 따라서 입학사정관제는 없어지거나 축소되는 것이 아니라 확장되고 있는 흐름입니다.

대학입학상담센터 http://univ.kcue.or.kr

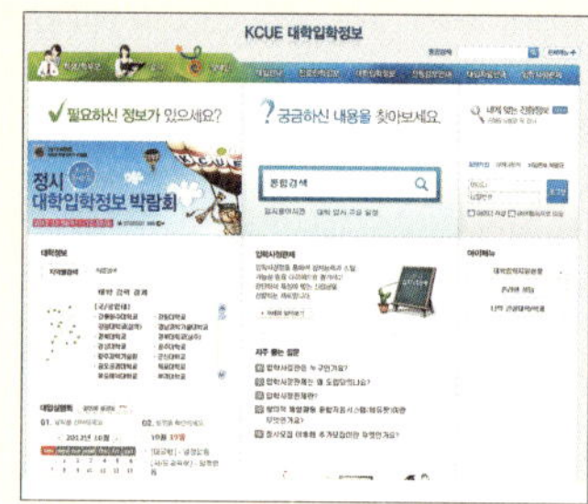

대학교육협의회에서 운영하는 포털 사이트로 모든 대입에 대한 정보를 한눈에 볼 수 있다. 관심 있는 대학과 학과의 입학 전형에 대해 검색해볼 수 있으며 최신 대입 전형 관련 뉴스와 입학 박람회, 입학 설명회 일정 등도 공지하고 있다.

특히 입학사정관제에 대한 이해를 돕기 위한 코너를 별도로 두고 입학사정관 전형으로 입학할 수 있는 학교 리스트를 제공하고 있어서 자신에게 맞는 전형을 찾아볼 수도 있다. 더불어 선배에게 고민을 상담할 수 있는 게시판도 마련돼 있다.

'진로진학정보' 코너에서 매월 발행하는 대입정보 매거진을 참고하면 입학사정관, 논술 등의 대입 노하우와 정보를 얻을 수 있다.

- 입학사정관제는 시험 점수로는 알 수 없는 창의성, 재능, 인성을 종합적으로 평가하는, 한마디로 사람을 보는 제도이다.

- 입학사정관전형으로 입학한 학생들은 학교생활에 만족도가 높으며 특히 전공심화 과정에서부터 두각을 나타내고 있다.

- 다수의 입학사정관이 여러 단계에 걸쳐 평가하므로 신뢰와 공정성은 걱정하지 않아도 된다.

- 입학사정관전형에서는 화려한 스펙이 아니라 학교생활에 바탕을 둔 다양한 경험을 한 학생이 좋은 평가를 받는다.

- 입학사정관전형에 응시한다고 해도 성적 관리는 해야 한다. 성적은 학교생활의 충실도를 반영하는 지표이기 때문이다. 다만 1~2점에 연연하지 않아도 된다는 의미이다.

학원에 다니면
수능에 더 유리하지 않을까요?

"수능을 쉽게 출제한다는데, 솔직히 못 믿겠다는 게 나를 포함한 주변 엄마들의 공통된 의견이다. 아이가 공부에 치여 힘들어하는 걸 보면 수능이 쉬워지는 게 좋겠지만 그 말을 믿었다가 실제로는 어렵게 나오면 어떡하냐는 것이다. 쉽다는 말 자체도 애매하다. 무엇을 기준으로 쉽다, 어렵다를 결정하는지 모르겠다. 수능을 쉽게 출제하니까 학원에 안 보내도 된다는 게 정부의 입장인 것 같은데. 아무리 수능이 쉬워지든 어려워지든, 그래도 학원에 보내는 게 유리하지 불리하지는 않을 것 같다."

수능이 쉬워져도 사교육을 받는 게 더 유리하지 않을까요?

창의성, 인성, 경험을 많이 해야 한다고 하시는데요. 물론 그것이 장기적으로 보면 아이에게 좋은 것이라는 건 알지만, 그렇다고 공부를 무시할 수도 없잖아요. 공부할 시간도 부족한 아이들이 언제 그걸 다 해요? 아이들이 슈퍼맨은 아니잖아요.

많은 학생이 수능 준비에 치여 그 나이에 해야 할 경험과 고민을 하지 못하고 있습니다. 자신의 미래에 대해 생각하고 거기에 맞는 진로를 탐색하는 시간이 있어야 하는데, 그러지를 못하니까 대학에 가서 방황하거나 심지어 사회에 나가서도 제 길을 찾지 못하는 사람이 많습니다. 또 친구들과 어울리는 시간이 줄어들다보니 사회성, 즉 관계 맺기에 어려움을 토로하는 성인들도 부지기수입니다. 3년 내내 수능 준비만 해야 하는 상황에서는 이런 문제들을 해결할 수 없습니다.

이에 별도의 사교육을 받지 않고도 학교 공부만으로 충분히 수능 준비를 할 수 있도록 하려고 합니다. 교육과학기술부는 수능 부담을 덜기 위해 '예측 가능한 쉬운 수능'이라는 방향으로 정책을 추진하고 있습니다. 이는 입학사정관제와도 연결돼 있는 정책입니다. 그동안 학생들은 수능 점수 1점을 올리기 위해 모든 시간을 쏟아 붓고 학부모님께서는 과도하게 사교육비를 지출하기도 했습니다. 쉬운 수능의 목표는 학생들이 수능 점수를 위해 투자하는 시간과 노력, 비용을 미래의 꿈을 위해 투자하는 시간으로 바꿔주자는 것입니다.

주요 과목인 국어, 영어, 수학이 제일 걱정되실 텐데요. 2014학년도 수능부터 이들 과목은 A형과 B형으로 나누어집니다. B형은 현재 수준으로 유지되고, A형은 지금보다 더 쉽게 출제될 예정입니다. 이는 수험생들이 진로나 진학하고 싶은 모집단위에 따라 선택해 응시할 수 있도록 하기 위해서입니다. 다만 수험생의 수험 부담이 커지지 않도록 B형의 경우 최대 두 과목까지 응시하도록 하고 국어B와 수학B를 동시에 선택하는 것을 제한했습니다국어B+영어B나 수학B+영어B는 선택할 수 있습니다. 사회탐구영역과 과학탐구영역의 최대 선택 과목 수도 현재의 세 과목에서 두 과목으로 줄여 학습 부담을 줄일 예정입니다.

또 수능을 쉽게 출제하면 변별력이 없어지는 것 아니냐는 걱정의 목소리가 있습니다만 쉽게 해도 충분히 변별력이 있다고 생각합니다. 2011년 대학들이 실제 전형을 운영한 결과 변별력 확보에 큰 어려움이 없었던 것으로 나타났습니다.

각 과목별로 교과서의 종류가 많잖아요. 우리 아이가 배우는 교과서에서는 자세히 다루지 않은 내용이 다른 교과서에선 비중 있게 다뤄질 수 있고 거기에서 문제가 출제될 수도 있겠죠. 결국 그 교과서들도 모두 정리해서 공부해야 한다는 건데 그걸 아이들이 다 공부할 수는 없잖아요. 학원의 도움 없이 어떻게 그게 가능하겠어요?

아마도 학원에서 자주 듣게 되는 논리가 아닐까 생각합니다. 이 같은 문제를 해결하기 위해 도입한 것이 '수능-EBS 연계' 정책입니다. EBS 교재에는 각 교과서의 저자가 중요하게 생각하는 부분들이 수록돼 있습니다. 수능 문제 중 70%를 EBS에서 출제할 것입니다. 그러면 별도의 사교육을 받지 않아도 학교에서 배우고 부족한 부분을 EBS를 통해 보완하면 수능을 어렵지 않게 풀 수 있습니다.

또 하나는 수능시험의 영역별 난이도에 일관성을 유지하는 것입니다. 이를 위해 과목별 만점자가 전체 응시자의 1%가 되도록 난이도를 설정합니다. 그러면 학생들은 예측 가능한 시험 준비를 할 수 있습니다. 교육과정평가원에서는 6월과 9월에 모의평가를 거쳐 난이도 유지에 노력하고 있습니다.

논술시험 때문에 학원을 안 다닐 수가 없어요

수능이 쉬워지다보니 상위권 대학들은 변별력을 확보한다면서 논술시험을 보더라고요. 대학 입시를 위해 논술 학원도 다녀야 할 수밖에 없는 것 아니에요? 이로 인해 사교육을 유발하고 지방 학생에게는 불리한 거 아닌가요?

대부분의 대학은 수시 전형에서 논술 평가를 실시하고 있습니다. 수시 전형에서는 이미 수능 성적이 최저학력기준으로만 사용되므로 수능부담완화정책으로 인해 논술이 변별력 확보를 위해 확대된다고 연결해 생각하기는 어렵습니다.

하지만 학생과 학부모님의 논술 준비에 대한 부담이 있는 것은 사실입니다. 이에 대해 교육과학기술부는 재정지원 사업을 통해 논술 비중 축소를 유도하고 있습니다. 시·도교육청 및 대학교육협의회와 협력해 지방 수험생들도 사교육 없이 논술 준비가 가능하도록 지원합니다. 대학교육협의회는 논술연구회를 운영해 학교에서 자체적으로 논술을 준비할 수 있도록 학생에게는 '논술교육 길라잡이'를, 교사에게는 '논술지도의 원리와 실제'를 제작해 배포하고 시·도교육청과 공동으로 지역별 논술 강좌를 개설해 수험생을 대상으로 직접 특강을 확대해나가고 있습니다.

논술이 종합적인 사고능력을 평가하는 데 도움이 되는 건 인정하지만 고등학교 교육과정에서 벗어나는 범위의 지식을 요하는 어려운 문제는 학원에서 공부하지 않고는 풀 수 없는데요. 대학 논술시험의 난이도 기준에 대해 교육과학기술부에서는 어떤 대책을 가지고 있는지요?

지금까지 대학 논술이 고교 교육과정 범위 밖에서 출제되고 난도가 높다는 지적들이 있었던 것이 사실입니다. 이 문제를 해결하기 위해 2013학년도 논술시험부터는 대입 논술과 고교교육과의 연계를 강화하기로 주요 대학과의 협의를 마쳤습니다.

이제부터는 대학이 논술시험을 출제할 때 고교 교사를 자문위원으로 위촉해 논술 문제의 제시문, 용어, 난이도 등에 대해 교사의 의견을 적극 반영하도록 할 계획이며, 논술시험 시행 후에는 고교 교사로부터 난이도의 적정성 등에 대한 의견을 수렴해 다음해의 논술시험 출제 시에 반영하도록 할 계획입니다.

또한 수험생과 고교가 논술시험 출제 경향을 사전에 파악해 논술 준비를 할 수 있도록 관련 정보 공개를 강화할 계획인데요. 대학이 논술시험 시행 후 시험 문제 및 문제 해설을 공개하도록 하고, 모든 대학의 다양한 수리논술 관련 자료를 수험생과 고교가 손쉽게 얻을 수 있도록 대학교육협의회 홈페이지를 통해 서비스할 계획입니다.

한국대학교육협의회 논술교육길라잡이 http://univ.kcue.or.kr

대학입학상담센터 → 대입자료안내 → 논술고사정보 → 논술고사자료실

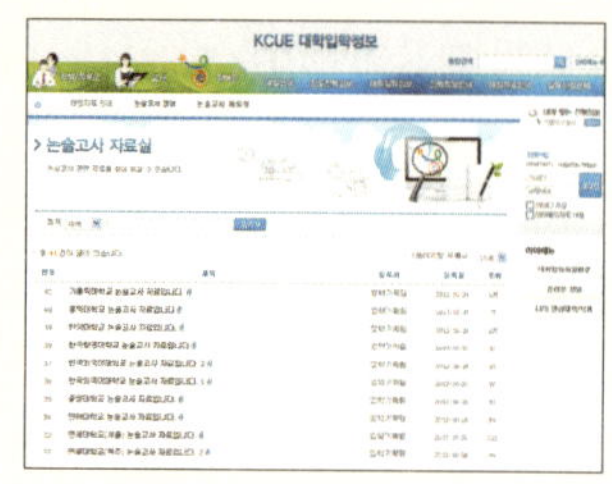

한국대학교육협의회 논술연구회에서 통합논술준비의 정확한 방향을 제시하기 위해 발간한 논술 학습 자료집. 그동안 출제된 문제 유형 분석과 전략 제시를 통해 학원 논술에 의존하지 않아도 좋은 결과를 얻을 수 있도록 했다. 해당 대학의 입시 담당 부서의 협조하에 각 대학의 수시, 정시 논술 출제 방향과 출제 의도, 평가 기준을 예시 자료로 정리했다. 또한 일선 고등학교 논술 교사의 논술 지문 분석과 풀이에 대한 아이디어를 참고할 수 있고, 통합교과논술에 대한 전략도 한눈에 볼 수 있다. 자료는 자연계와 인문계로 나눠서 제공되며, 주요 대학의 예시 문제와 모범 답안 또한 게시판을 통해 제공된다.

필통톡 **Point**

- ‘예측 가능한 쉬운 수능’이라는 방침에 따라 사교육을 받지 않고 학교 공부만으로 충분히 수능을 준비할 수 있다.

- 수능이 쉽게 출제된다고 해도 충분히 변별력이 있다.

- ‘수능－EBS 연계’ 정책에 따라 수능 문제 중 70%가 EBS에서 연계 출제된다.

- 대학과 협의해 논술 비중을 점차 축소하고, 출제 내용도 고교교육과의 연계를 강화하도록 했다.

04

대학에 가지 않아도
사회에서 인정받을 수는 없나요?

"나는 자동차가 좋다. 멀리서 봐도 어느 회사의 어떤 기종인지 대번에 알아맞힌다. 자동차 관련 잡지를 보면 시간 가는 줄 모르고 자동차 전시장이나 정비소를 그냥 지나치지 못한다. 그래서 자동차 마이스터고에 가고 싶은데 엄마, 아빠는 반대하신다. 그래도 대학은 나와야 한다고, 관련 학과가 있는 대학에 가면 되지 않느냐고 하신다.

그럴 때마다 내 의견을 강하게 말하지만 혼자 있으면 불안해진다. 부모님의 말씀이 맞는 것 아닐까? 나중에 어른이 돼서 흥미가 사라지거나 내 소질에 맞지 않으면 어떡하지?"

특성화고는 상고나 공고에서 이름만 바뀐 것 아닌가요?

사실 상고나 공고 같은 직업교육 고등학교가 유명무실해진 지는 오래되지 않았나요? 성적이 좀 낮은 아이들이 대학을 가는 또 다른 경로쯤으로 생각되기도 하는 것 같던데요.

오랫동안 그런 현상이 있었습니다. 우리 사회에서 '직업교육은 2류 교육'이라는 편견이 있었고 '대학 진학이 성공의 지름길'이라는 인식이 팽배해 있었습니다. 높은 학력이 좋은 직장과 보수를 보장해줄 거라는 기대가 있었기 때문에 우리나라의 대학 진학률은 72.5%2011년 기준. 영국 57%, 일본 48%, 독일 36%로 세계 최고 수준입니다.

한편 실업계고에 진학하는 학생의 수는 점점 줄어들었습니다. 위기의 실업계고를 살려보자고 한 것이 2001년에 도입된 실업계 고교생을 위한 대학 입학 기회의 확대였습니다. 하지만 재학생의 상당수가 대학에 진학하는 결과를 낳으면서 직업교육기관으로서의 정체성마저 흔들리게 됐습니다. 1990년 전문계고 졸업생 중 79.8%가 취업을 하고 7.8%만이 대학 진학을 하던 것이 2009년에는 대학진학자가 75.3%, 취업자는 16.7%로 완전히 역전됐습니다. 이는 노동시장의 인력 수급 불일치로 이어지면서 청년실업을 심화시켰습니다.

근본적인 원인을 말씀드렸듯이 '일단 대학은 나와야 성공할 수 있다'는 인식입니다. 그런데 현실은 다르죠. 2011년 대졸자의 취업률은 58.6%에 불과합니다. 그중 약 21%는 하향 취업을 하고 있는 것으로 추측되고 있습니다. 대학 졸업이 더 이상 성공적인 삶을 보장해주지 못한다는 것입니다. 자신의 소질과 적성과 상관없는 대학 진학은 시간과 돈을 낭비하게 하고 미래를 대비할 역량도 키워주지 못합니다.

인문계고는 논외로 하더라도 직업교육을 받은 학생들조차 '일단 대학은 가고 보자'라고 하는 것은 교육의 취지에도 맞지 않을뿐더러 학생 개인의 미래를 위해서도 좋지 않은 결과를 불러옵니다. 이 같은 문제를 해결하고자 2008년에는 산업 수요 맞춤형 교육과정 운영을 통해 졸업 후 우선 취업 및 기술명장으로 성장할 수 있도록 지원하는 마이스터고를 도입했습니다. 또한 2010년 기존 전문계고를 특성화고로 일원화해 취업중심 학교로 재정립하는 정책을 시행하고 있습니다.

특성화고나 마이스터고 모두 직업교육이라는 근본적인 취지는 같습니다. 마이스터고는 뒷부분에서 자세히 다루도록 하고 먼저 특성화고를 중심으로 설명드리겠습니다.

직업교육이라는 큰 맥락에서는 교육과정은 그대로 유지되고 이름만 바꾼 건 아닌가 싶은데요. 이름만 바꾼다고 크게 달라지는 건 아닐 테고요. 구체적으로 뭘 어떻게 바꾼 건가요?

전체적인 방향은 특성화고의 교육 목표, 즉 산업 현장에 필요한 인재를 양성하는 것입니다. 먼저 해야 할 일은 학업성취도평가를 교육 목표에 맞게 바꾸는 것이었습니다. 그래서 탄생한 것이 바로 직업기초능력평가입니다. 학업성취도평가는 국어, 영어, 수학에 대한 학력學力을 갖추었는지 평가하는 시험입니다.

특성화고는 졸업 후에 취업을 목표로 하고 있는데, 이 시험을 잘 봐도 취업해서 직장에 잘 적응할 수 있다고 말하기 어렵죠. 그래서 직장에 처음 들어갔을 때 필요한 능력을 갖췄는지를 알아보는 평가 제도를 만들게 됐고, 이 평가의 이름이 직업기초능력평가인 것입니다. 평가 영역은 의사소통 국어, 의사소통 영어, 수리활용능력, 문제해결능력, 직장적응능력으로 구성돼 있습니다. 물론 직장에서 더 높은 수준의 일을 담당하기 위해선 국어, 영어, 수학 등 기초학력을 갖춰야 하기에 '기초학력 보정자료'를 개발해서 함께 제공하고 있습니다.

앞서 세상의 변화에 따라 교육 목표도 달라진다는 말씀을 드렸는데요. 세상에 따라 변화해야 하는 직업교육 고등학교의 교육 목표를 잘 아는 곳이 어디일까요? 당연히 산업 현장입니다. 이런 이유로 직업기초능력의 평가 영역을 대한상공회의소와 함께 결정했습니다. 학교에서는 '직업기초능력'이라고 가르치는데 인력 수요자인 산업체에선 "우리는 다른 능력을 가진 사람이 필요하다"고 하면 안 되니까요.

실제 산업 현장에서 풍부한 경험을 쌓은 분들을 강사로 모시고 있습니다. 이분들을 통해 현장에서 어떤 역량을 필요로 하는지 정확하고 구체적으로 알고 그것을 학생들에게 알려줄 수 있으며 학생들에게 롤 모델이 돼 취업동기를 불어넣어 줄 수도 있을 것입니다. 취업 현장에 대한 경험이 많은 취업전문가는 취업지원관으로 배치했습니다. 현재 강사와 취업지원관을 합쳐 1,000명이 각급 학교에 배치돼 있습니다.

이밖에도 현장실습을 위한 인프라 비용 지원, 현장실습 우수모델 개발 및 보급, 현장실습의 안전성 강화 등의 내용이 포함된 '특성화고 현장실습 제도 개선 대책'을 추진하고 있으며, 특성화고의 모든 학생들이 학비 걱정 없이 직업교육에 전념해서 괜찮은 일자리에 취업할 수 있도록 입학금과 수업료를 지원하고 있습니다.

학교가 변한다고 해도 산업 현장에서 특성화고 졸업생을 받아들이지 않으면 아무 소용이 없는 거잖아요. 실제 산업 현장의 반응은 어떻고 졸업생들의 취업은 어떻게 되고 있나요?

맞습니다. 진학과 취업이 섞여 있던 특성화고의 경영방침을 완전히 취업 중심으로 전환되도록 지원함과 동시에 이들 특성화고 졸업생이 괜찮은 일자리로 취업할 수 있도록 범국가적으로 '고졸 취업 문화 정착'을 위해 노력하고 있습니다. 2009년부터 조선협회,

삼성전자, 국민은행, 산림청 등 기업, 공공기관, 관련 부처 등과의 업무협약을 통해 고졸 취업 분위기가 확산되도록 했습니다. 그 결과 2011년 10월 기준으로 은행연합회가 3년간 2,722명, 보험협회 3년간 2,953명, 금융투자협회 3년간 1,063명, 현대자동차 10년간 1,000명 등 주요 기관들이 고졸 채용계획을 발표했습니다.

취업률 통계를 봐도 확연히 달라지고 있음을 알 수 있습니다. 2009년 16.7%였던 취업률은 2010년 반등하기 시작해 2012년에는 38.1%를 기록했습니다. 무엇보다 긍정적인 것은 특성화고 학생들의 취업희망률이 크게 회복되고 있다는 것입니다. 충남교육청의 조사에 따르면 2012년 특성화고 3학년 학생들의 취업희망률은 56.5%로 전년도에 비해 10% 이상 상승했습니다.

2012년 고졸 채용 계획(2012년 7월 31일 기준)

분야별	기관	채용 예정 인원	자료 출처
중앙정부	행정안전부 (국가직 공무원)	200명 (일반직) 100명 (기능직) 100명	2012년 행안부 지역인재 9급 및 기능인재 견습직원 선발시험 시행계획 공고
지방자치단체	16개 지방자치단체 (지방직 공무원)	211명 (일반직) 201명 (기능직) 10명	2012년 지자체 특성화고졸 경력경쟁 임용시험 공고
시 · 도교육청	8개 교육청 (지방직 공무원)	34명 (일반직) 34명	2012년 시 · 도교육청 특성화고졸 경력경쟁 임용시험 공고
공공기관	288개 공공기관	2,508명	기획재정부
대기업	12개 기업	34,320명	언론 보도
은행권	17개 은행	1,050명	언론 보도
계		38,323명	

마이스터고는 무엇인가요?

그렇다면 특성화고와 다르다는 마이스터고는 정확하게 무엇이며, 어떤 교육을 받게 되나요? 기존의 직업 교육과는 어떤 차별점이 있는 건가요?

초·중등교육법시행령에 따르면 마이스터고는 '산업수요 맞춤형 고등학교'입니다. 말 그대로 산업과 기업의 수요에 맞게 산업 현장에서 원하는 교육을 받은 맞춤형 인재를 배출하는 학교라는 뜻입니다. 기존 직업교육 고등학교가 산업 전반에 필요한 교육을 받는 것과 달리 마이스터고는 특정 산업에 필요한 교육과정을 이수하게 됩니다.

이렇게 개교한 마이스터고는 2012년 현재 전자·기계·자동차·에너지·조선 등 분야에서 28개의 학교가 운영 중이며, 2013년에는 로봇·친환경농축산·원자력 등 분야에서 7개의 학교가 개교할 예정입니다. 마이스터고는 기존의 직업교육과는 달리 교육이 학교 안에서만 머물지 않고 산업계와 지방자치단체가 학교와 연계돼 산업계 수요에 부합하는 교육을 실시하고 있습니다. 다양한 산학협력 프로그램을 통해 학생이 기술명장으로 성장할 수 있도록 지원하는 '취업 명품학교'를 표방하고 있습니다.

2013년에 개교하는 여수전자화학고는 개교 준비를 석유화학협회에서 주도적으로 지원했습니다. 그러면 석유화학업체에서 일할 때 꼭 필요한 능력을 쌓을 수 있는 교육 내용을 넣는 게 당연하겠죠. 시간이 지나 이 학교에서 공부한 학생이 졸업할 즈음이 되면 석유화학업체에 꼭 맞는 인재가 되는 것입니다.

이처럼 모든 마이스터고는 특정 산업과 연계돼 있습니다. 우선 타깃 산업을 설정해 마이스터고에서 길러내고자 하는 인재상과 직업을 결정하고 학과도 결정합니다. 이후 해당 산업에서 필요로 하는 인력 수요와 직접 연계된 교육과정을 개발·운영합니다. 이렇게 개발한 교육과정이 활발히 운영될 수 있도록 산업체에 근무하는 산학겸임교사를 채용하고, 선생님들의 산업체 연수를 지원해 우수 기술을 습득할 수 있도록 하고 있습니다.

울산마이스터고를 비롯한 11개 학교에서는 산업체 출신 인사를 교장으로 임용해 학교 운영 및 취업 지원 등에서 산학연관 협력이 더욱 활성화될 수 있도록 했습니다.

그렇다고 해도 요즘같이 경제가 어려운 상황에서 마이스터고 학생이라도 취업이 잘 되겠어요? 특성화고니 마이스터고니 점점 늘어나면 그 아이들끼리 똑같이 취업 경쟁을 하는 것 아닌가요?

경제 불황이 신규채용을 아예 하지 않는다는 것을 의미하는 건 아닙니다. 오히려 기업은 불황을 이겨내기 위해 실력 있는 인재를 채용하려고 합니다. 2013년 2월에 첫 졸업생을 배출하는 21개 마이스터고의 3학년 학생의 약 84.8%2012년 3월 기준가 졸업도 하기 전에 기업과 채용약정을 맺었다는 것은 기업이 산업의 수요에 맞는 맞춤형 인재를 얼마나 갈구하고 있는지를 증명하는 예이기도 합니다.

기업들은 취업만 약속한 것이 아닙니다. 승진체계까지 바꿔 취업을 제시하는 기업이 늘고 있습니다. 기존 승진체계는 이원화돼 있어서 고졸자는 임원까지 승진하지 못했는데 그것을 일원화해 임원 승진까지 가능하도록 만든 것입니다.

마이스터고는 고교 단계에서 직업교육의 선도모델을 만들어보고자 한 정부의 의지에서 탄생했고, 이제는 그 성과를 특성화고 등 다른 직업교육기관에 확산하고 전파하는 노력을 하고 있습니다. 마이스터고와 특성화고는 같은 자리를 두고 경쟁하는 관계가 아니라 산업 수요 분석을 통한 정확한 취업 희망 직무와 직업을 설정하고 이에 맞는 교육을 실시해 '적재적소'에 인재를 배치하는 역할을 수행하는 상호인정, 호혜의 관계입니다.

고졸 취업자라고 직장에서 차별받지는 않을까요?

요즘같이 박사학위를 가진 사람도 직장을 구하기가 어려운 세상에서 취업이 잘 된다니 특성화고나 마이스터고에 눈길이 가긴 해요. 그런데 길게 보면 확신을 가질 수가 없어요. 나이가 들수록 대졸자에 비해 승진의 한계도 있고 그에 따라 월급도 차이가 날 테니까요.

대졸자와 고졸자의 차별에 대한 걱정들을 많이 하시는데요. 이미 기업들도 학벌이나 학력보다 능력을 중시하는 쪽으로 변하고 있습니다. 중소기업은 물론이고 대기업들도 고졸 입사자들에게 일정 기간이 지나면 대졸자와 동등한 직위를 부여하고 승진과 보직 등에서 차별받지 않도록 제도를 개선하는 등 능력에 기초한 인사관리 제도를 시행하고 있습니다.

고졸 공채의 바람을 일으킨 삼성그룹은 고졸 사원이 3~5년 만에 대졸 사원과 동등한 직급이 되도록 제도를 개선할 계획이라고 밝혔습니다. 사학연금공단은 고졸 입사 4년이 된 사람에 대해 보수 및 승진에서 대졸자와 동등한 대우를 하도록 해 인사관리에서 차별이 없도록 했습니다.

구분	기관/기업	열린 승진·인사 제도 사례
정부	행정안전부	고졸 출신 9급 공무원이 보다 빨리 상위 계급으로 승진할 수 있도록 9급에서 3급까지 승진 소요 최저 연수를 현행 22년에서 16년으로 단축
공공기관	광물자원공사	고졸자 3년 이후부터 승진시험 응시 기회 부여
	근로복지공단	고졸자 입사 후 4년 이상 성실하게 근무한 직원은 대졸 직원과 동등한 직위를 부여
	사학연금공단	고졸자 입사 후 4년이 지나면 보수 및 승진 등에서 대졸자와 동등한 대우와 직위 부여
	산업은행	고졸 행원이 입행 후 은행비용으로 정규대학 과정을 이수할 수 있도록 '취업과 학업을 병행할 수 있는 시스템'을 마련해주고, 소정의 대학 과정을 이수한 자에 대해 대졸 출신 직원과 동일한 직무 경로 기회 부여
	석유관리원	고졸자에게 6급의 직위를 부여하고 4년 후 승진·급여 지급 수준을 명확히 규정
	한국동서발전	대졸 사원과 4년간의 임금 차이만 있을 뿐 교육·승진 등 인사정책에서 차별이 없도록 제도화
	한국수력원자력	고졸자 입사 4년 후 대졸자와 승진과 임금 등 처우를 동등하게 하도록 제도 개선
대기업	대우조선해양	중공업사관학교 프로그램 연수 및 군 복무 기간 포함 7년 후 대졸자와 동등 대우
	삼성	고졸(1급)이 대졸(3급)과 같은 직급이 되는 데 6년이 걸리며 발탁 인사를 통해 고졸자가 3~5년 만에도 3급 승진할 수 있도록 함
	롯데	고졸 직원이 취업한 지 2~4년 후에는 대졸자와 차별받지 않고 능력으로 연봉과 승진을 평가받을 수 있도록 인사제도 개정
	포스코	고졸 공채 입사자들도 대졸 사원들과 같이 임원급으로 승진할 수 있도록 직제 변경
	한화	고졸자의 일반직 승격 기간을 6년에서 5년으로 단축하고 특별승격 강화

구분	기관/기업	열린 승진·인사 제도 사례
	CJ	고졸 입사 4년 뒤 대졸 신입과 동등 대우하고 고속 승진 제도를 도입해 2013년 이후 입사하는 고졸 신입사원의 경우 14년 만에 임원이 될 수 있도록 함
	LG디스플레이	전문성을 갖춘 기능직 고졸 사원도 전문가, 전문위원, 임원 등으로 승진할 기회를 제공하기 위해 '수석 계장'이라는 직급 신설

나중에 대학에 가지 않은 걸 후회할 수도 있잖아요. 우리 또래 친구들을 봐도 나이가 좀 드니까 대학에 가지 않은 걸 후회하더라고요. 제일 걱정되고 두려운 건 나중에 아이에게서 '엄마, 나 대학에 갈 걸 그랬나?'라는 말을 듣는 거예요.

고등학교를 졸업하고 취업을 했다고 해서 그것으로 학업이 끝나는 것은 아닙니다. 직장에서 일을 실제로 하다보면 자기가 전문성을 더 키워야겠다고 느낄 수 있습니다. 그것을 대학에서 채울 수 있다면 그때 대학에 가도 늦지 않습니다.

일단 일을 시작하면 다시 공부하기 어렵다고 생각하시는 분들이 많은데요. 과거에는 그랬을지 모르지만 지금은 사이버대학, 방송대 이외에도 일반대학에서 일하면서 공부할 수 있는 다양한 제도가 마련돼 있습니다.

이런 제도들은 학생의 선발방식과 수업방식을 재직자의 특성에 맞춰 수능 점수가 아닌 학업의지·근무경력 등을 중심으로 평가해 학생을 선발하고, 야간, 주말, 사이버 수업 등의 다양한 수업 방식을 통해 실무 경험 중심의 이론교육을 실시하고 있습니다.

특성화고나 마이스터고 출신 재직자들을 위한 특별전형 제도는 정원 외 특별입학이 가능합니다. 2012년에는 대학별 입학정원의 2%를 선발했고 2015학년까지 선발 범위를 점진적으로 확대할 계획입니다. 또한 제도를 도입한 대학교에는 재직자 맞춤 교육이 이뤄지도록 재정 지원을 확대했습니다.

그 결과 재직자특별전형 시행 대학이 한양대학교, 고려대학교 등 주요 사립대학을 포함해 2013학년도에는 67개교로 늘어납니다. 계약학과계약학과는 산업체와 대학이 협력해 맞춤형 인재를 양성하고 산업체 소속 직원의 재교육을 담당할 수 있도록 만들어진 제도, 산업체위탁교육, 사내대학 등과 같은 후진학 제도 전체가 활성화되고 있는 추세입니다.

학비에 대한 부담을 덜 수 있도록 후진학 학생을 위한 장학금 지원도 확대하고 있습니다. 2011년에는 특성화고, 마이스터고 출신의 '저소득층 성적우수 학생' 91명에게 전액 장학금을 지급했고 2012년부터는 소득분위별 국가장학금을 지원하고 있습니다. 중소기업청과 고용노동부도 장학금 지원을 확대하고 있습니다. 장학금 제도는 국회와 관련 부처에 협조를 요청해 더욱 확대할 계획입니다.

'선취업 – 후진학' 체제를 적극 활용하고 있는 사례 중 현재 투자자문사에 근무하면서 중앙대학교 지식경영학부에 다니고 있는 박상영 씨의 이야기를 들려드리겠습니다.

저는 자산운용업계에서 10년째 일하고 있습니다. 제가 10여 년 전에 진학 대신 취업을 선택한 것은 가정형편이 어려웠기 때문입니다. 제가 취업을 선택할 때만 해도 고졸에 대한 차별이 많았습니다. 여기에다 다른 사람의 시선 때문에 고민을 많이 했던 건 사실입니다. 여러 상황으로 인해 어쩔 수 없이 하는 선택이었지만 아무 일이나 하고 싶지 않았습니다. 할 수 있다는 마음만 있으면 제가 처한 상황을 이겨낼 수 있다고 믿었습니다.

평소 금융업에 관심이 많아서 공부를 하고 자격증을 취득하는 등 원하는 직장에 들어가기 위해 노력했습니다. 직장에 들어간 이후 회계학을 전공해 학위를 받았고 지금은 경영학에 대한 목마름이 있어서 중앙대에서 공부를 하고 있는 중입니다.

어린 나이에 직업을 선택하는 것은 대단히 어려운 일입니다. 다양한 경험, 직업 체험을 통해 정말 하고 싶은 일을 알아내는 것이 중요합니다. 한 번에 알아낸다는 생각보다는 점점 폭을 좁혀간다고 생각하면 원하는 일을 찾아낼 수 있을 것입니다.

원하는 일이 찾아지지 않을 때에는 조급해지기 쉬운데요. 조급해 하지 말고 작은 것부터 경험하고 흥미가 생기는 분야가 있다면 관련서적을 구해서 읽어보세요. 또 주변에 그 일과 관련된 사람이 있다면 그 사람들로부터 충분히 이야기를 듣고 결정을 해야 할 것입니다.

좋은 대학을 나오면 좋은 일자리를 가지게 된다는 말은 점차 옛말이 돼가고 있는 시대입니다. 좋은 대학을 나와도 원하는 직장에 취업하지 못하고 방황하는 이들이 많습니다. 원하는 직업을 먼저 선택하고 그 직업에 필요

한 공부를 하기 위해 진학하는 이러한 체계가 저는 상당히 바람직한 모델
이라고 생각합니다.

**물론 좋은 취지로 이런 정책을 만들어서 야심차게 시작하신 건 잘 알겠
습니다. 그런데 솔직히 지금 정부에서 적극적인 의지를 보이니까 기업체
나 대학이 마지못해 따라가는 건 아닌가요? 그렇게 일단 긍정적인 결과
로 보여주는 건 아닌지. 만약 정권이 바뀌면 이 정책이 달라지거나 없어
지는 건 아닌가요?**

마이스터고와 특성화고를 중심으로 한 고졸 취업 확대 등 '신고졸
시대'는 정부만의 의지와 필요에 의해 만든 것이 아닙니다. '신고
졸시대'는 기업과 사회의 요구에 따라 정부와 학교가 동참해 함께
'열었다'고 할 수 있습니다.

과거 우리 사회를 이끌어 갔던 베이비부머 세대의 퇴직과 함께
현장의 기술 인력이 부족해지고 있고, 저출산·고령화로 생산가
능인구가 계속 줄어들고 있습니다. '대학 진학이 성공의 지름길'
이라는 맹목적인 학력·학벌 추구로 발생한 사교육비, 대학을 졸
업하고도 취업하지 못하는 청년들의 임금 손실 등 과도한 사회적
비용 등은 지금 정부만의 문제뿐만이 아니라 우리 사회가 해결해
야 할 시대적인 과제입니다. 사회의 발전과 더불어 직업이 점차 세

분화되는 과정에서 새로운 직무와 직업들이 생겨나고 있습니다. 이러한 상황에서 마이스터고와 특성화고 졸업생이 갈 수 있는 일자리는 상당히 다양하다고 할 수 있습니다.

아울러 기업의 능력 중심 인사제도와 맞물려 마이스터고와 특성화고 졸업생이 산업수요 맞춤형 교육을 정상적으로 이수해 기업에서 원하는 능력을 갖추게 된다면 기업에서 지속적으로 발전할 수 있는 기회는 얼마든지 있습니다. 후진학 제도를 통해서도 경력 개발을 할 수 있습니다.

최근 고졸 채용을 크게 늘린 은행들에서도 좋은 반응이 나오고 있습니다. 한 은행장은 "기대 반 우려 반으로 고졸 채용을 늘렸는데, 일을 야무지게 잘 해주고 있어서 만족하고 있다"면서 '고졸 취업자들의 재교육을 위해 사내대학을 설립하고 싶다'는 뜻을 전해왔습니다. 사내대학을 설립한다는 것은 장기적인 안목으로 인재를 성장시키겠다는 의지의 표현입니다. 단순히 정부의 압력 때문에 고졸 채용을 늘렸다면 사내대학처럼 장기적인 투자를 하지 않을 것입니다. '신고졸시대'는 이제 거스를 수 없는 흐름이 되고 있는 것입니다.

남자들은 군대에 가야 하잖아요. 회사생활을 잘하다가 군대에 가면서 경력이 단절돼 고생하는 경우를 주위에서 좀 봤어요. 그 부분에 대한 대책도 있나요?

군대 문제로 경력이 단절되는 것을 막기 위해 고졸 취업자는 만 24세까지 입영 연기를 할 수 있도록 병역법 시행령을 개정했습니다. 고졸 근로자가 병역의 의무를 다할 수 있게 휴직이 가능하고 전역 후에도 다시 복직을 허용하는 회사에는 세액 공제 등의 인센티브를 부여하고 있습니다. 고졸자 채용을 추진하고 있는 CJ제일제당 등 대기업의 경우 아예 병역휴직제를 시행하고 있습니다. 입대하기 위해 불가피하게 퇴사하는 게 아니라 일정 기간 휴직을 하는 것이죠.

특성화고·마이스터고 졸업자 중 중소기업 취업자인 경우 산업기능요원으로 우선 선발되도록 했고, 기술병 선발 시 특성화고·마이스터고 졸업생을 우대하는 방안을 추진하고 있습니다.

마이스터고의 입학전형은 어떻게 되나요? 가장 중요하게 평가하는 항목들은 무엇이 있나요?

마이스터고는 해당 분야의 기술명장이 되고자 하는 학생들이 입학해 영 마이스터로 성장할 수 있도록 전국 단위로 학생을 선발합니다. 성적보다는 직업 소질과 적성을 갖춘 학생들이 합격할 수 있도록 특별전형을 마련하고 심층면접을 강화해 입학생을 선발하고 있습니다.

마이스터고는 특수목적고등학교이므로 일반계 고등학교보다

먼저 입학전형을 실시하고, 학교별 입학전형은 각 학교의 장이 결정해 실시하고 있습니다. 자세한 내용은 마이스터고 홈페이지 www.meister.go.kr와 각 학교의 홈페이지를 참고하시기 바랍니다.

마이스터고 · 특성화고 포털사이트 www.hifive.go.kr

교육과학기술부와 대한상공회의소가 마이스터고 · 특성화고 입학부터 후진학까지 모든 정보를 제공하는 고졸시대 종합정보시스템. 고졸시대마당, 학생마당, 취업정보마당, 후진학마당, 교사마당 등 5개 코너로 구성돼 있다. 입학, 취업, 후진학 정보를 기본으로 하고 진로 정보와 실무 강좌 및 각종 대회 정보도 함께 담겨 있어서 학생 · 학부모와 교직원이 궁금해 할 모든 것을 한번에 찾아볼 수 있다.

마이스터고 홈페이지 www.meister.go.kr

교육과학기술부와 한국직업능력개발원이 개설한 마이스터고 정보 관련 공식 사이트. 분야별 마이스터고 지정 현황과 각 학교 홈페이지로 연동돼 있어 입학 전형도 쉽게 확인할 수 있다. 마이스터고 소식을 메일로 받아볼 수 있도록 뉴스레터 서비스도 제공하고 있다.

- 자신의 소질이나 적성과 상관없는 대학 진학은 시간과 돈을 낭비하는 것은 물론 미래를 대비할 역량도 키워주지 못한다.

- 특성화고를 취업중심 학교로 재정립하기 위해 현장 중심 교육 강화, 고졸 취업문화 정착 등 다양한 제도를 시행하고 있다.

- 2012년 특성화고의 취업률은 37.5%로 3년 전에 비해 두 배 이상 늘었다.

- 마이스터고는 정부, 학교, 기업이 협력해 산업수요 맞춤형 인재를 육성한다.

- 후진학 방안이 마련돼 있으므로 원할 경우 취업 후에도 얼마든지 대학에 진학할 수 있다.

학교폭력

온 마을이 나서서 아이 하나를 키운다는 말이 있습니다. 이는 인성교육에 사회 구성원 전체가 참여해야 한다는 뜻입니다. 학교폭력은 학교만의 문제가 아닙니다. '남의 일', '다른 누군가가 해결해줘야 할 일'로 방관하기보다 각자의 입장에서 할 수 있는 일을 찾아 실천하는 것이 필요합니다.

−2012. 5. 16 서울 필통톡에서

모두가 행복하게 다닐 수 있는 학교 만들기

01_ 학교폭력 대처 방안
아이를 마음 놓고 학교에 보낼 수 있을까요?

02_ 학교폭력 이후의 교육
아이들이 받은 상처를 치유할 방법이 있을까요?

03_ 학교폭력 예방과 인성교육
모든 이를 포용할 수 있는 아이로 키울 방법이 있나요?

"뉴스에서 학교폭력 이야기가 나오면 한동안은 굉장히 불안하다. 힘 좀 센 아이가 힘없는 아이를 괴롭히는 정도가 아니라 조직적인 폭력이 이뤄진다니 섬뜩하기까지 하다. 골목에서 어른들이 보는데도 버젓이 담배를 피우는 아이들, 삼삼오오 모여서 말끝마다 욕설을 하는 아이들을 보면 어른인 나도 겁이 난다. 얼마 전에는 담배를 피우는 여고생들을 훈계했다가 폭행을 당했다는 이야기도 들었다. 학교에서는 뭘 하고 있는지, 또 그런 아이들을 둔 부모들은 뭘 하고 있는지 화가 난다. 이런 학교에 우리 아이를 계속 보낼 수 있는지, 친구들에게 괴롭힘을 당하고 있는 건 아닌지, 아니면 우리 아이가 다른 아이에게 못된 짓을 하는 건 아닌지. 학교에 등교하는 것만으로도 불안해보긴 처음이다."

하루가 멀다 하고 쏟아지는 학교폭력 관련 뉴스로 학부모님들은 불안해하고 계실 겁니다. 일부 학부모님께서는 자녀를 홈스쿨링 하기도 하고, 대안교육을 선택하는 경우도 종종 보게 됩니다. 어른들도 교복 입은 학생들을 피해 다니게 됐죠. 언제부터 이렇게 학교가 다니기 무서운 곳이 됐을까요. 이제는 학교폭력 문제가 비단 학교 내부만의 문제가 아닙니다. 가정, 학교, 지역 사회 모두가 한 아이를 따뜻하게 품는 노력이 필요합니다. 4장에서는 학교폭력에 꿈을 잃어가는 학교를 되살리기 위한 방법들을 이야기하려고 합니다. 학교폭력을 당하거나 목격한 경우 어떻게 해야 하는지, 예방을 위한 아이들의 교육은 어떻게 이뤄져야 하는지 가정과 학교가 함께 관심을 가져야 합니다.

아이를 마음 놓고
학교에 보낼 수 있을까요?

"지금껏 남의 일인 줄 알았다. 내가 그 당사자가 될 거라곤 생각하지 못했었다. 아침에 일어나자마자 드는 생각은 하나다. '학교에 가기 싫다.' 같은 반 친구인데도 내가 심부름을 해야 하고, 때로는 돈을 뺏기기도 하고, 맞기도 한다. 그럴 때마다 자존심이 너무 상한다. 담임선생님께 이야기해봐야 딱히 해결은 안 될 것 같고, 오히려 고자질했다고 친구들이 더 괴롭힐 것 같다. 엄마한테 이야기해볼까 몇 번이나 고민도 했다. 하지만 참았다. 아무래도 이야기하지 않는 게 낫겠다. 일만 커질 게 뻔하다. 그런데 언제까지 이렇게 버티고 있을 수 있을지는 나도 모르겠다."

우리 아이도 학교폭력에 시달리는 것은 아닐까요?

우리 아이는 아직 학교에서 폭력을 당한 적이 없는 것 같지만 늘 불안해요. 아이가 당하고도 말을 하지 않는 것은 아닌지 모르겠습니다. 괴롭힘을 당하지 않았는지 매일 물어볼 수도 없고, 물어본다고 솔직하게 대답할 것 같지도 않고요. 학교폭력을 당하고 있는지 엄마가 알아볼 수 있는 방법은 없나요?

교육과학기술부에서 2012년 8월부터 10월까지 전국 초·중·고 학생을 대상으로 조사한 결과를 보면 놀랍습니다. 전체 응답자 379만 명의 학생 중 8.5%인 32만1,000명이 최근 6개월 이내에 폭력 피해를 당했다고 응답했습니다. 학교급별로 학교폭력 피해 상황을 살펴보면 초등학생의 11.1%가 학교폭력을 경험했다고 응답했으며, 중학생 10%, 고등학생은 4.2%로 나타났습니다. 청소년폭력예방재단의 2011년 학교폭력 실태조사에 따르면 피해학생의 53.6%, 가해학생의 58%가 초등학교 때 학교폭력을 처음 경험한다고 대답할 만큼 학교폭력을 경험하는 연령이 낮아지고 있습니다. 최근 학교폭력이 심각한 양상을 보이고 있는 만큼 부모님의 세심한 관찰이 필요합니다.

학생들이 학교폭력의 피해를 입으면서도 부모님께 이야기하지 않는 경우가 있습니다. 이야기해도 해결되지 않는다고 생각하거나 부끄럽게 생각하기 때문이죠.

먼저 학교폭력의 피해학생들이 보이는 일반적인 반응은 다음과 같습니다.

위의 증상 외에도 갑자기 급식을 먹지 않으려고 하거나 귀가시간이 늦어지고 외출을 꺼리는 경향 등이 있습니다. 폭력 상황을 피하고 싶은 마음에 학교에 가기 싫어하거나 폭력으로 인해 불안해서 집중하지 못하는 모습을 보일 수도 있습니다.

학부모님들께서는 혹시 자녀가 위와 같은 반응을 보이지는 않는지, 은연중에 부모님께 메시지를 보내고 있지는 않은지 관심을 가져야 합니다.

네. 위의 반응들은 학교폭력이 아니라 다른 원인이 있어서일 수도
있습니다. 친구들끼리 장난을 하다보면 단추가 떨어질 수도 있고
뭔가 갖고 싶은 것이 있을 때는 용돈을 더 달라고도 합니다. 예를
들어 "왜 단추가 떨어졌니? 싸웠니? 맞았니?"라고 물을 때 자녀가
솔직하게 대답하지 않을 수 있다는 것입니다.

청소년폭력예방재단의 2011년 학교폭력 실태조사에 따르면
학교폭력 피해학생 중 응답자의 63.4%가 고통스러웠다고 답했으
며 31.4%는 1회 이상 자살 충동을 느껴본 적이 있는 것으로 나타
났습니다. 그런데도 학교폭력 피해를 당했을 때 정작 주변에 도움
을 요청하지 않은 학생이 51.4%로 나타났습니다. 그만큼 학교폭
력 피해를 당했을 때 솔직하게 주위 사람들에게 피해 사실을 알리
기 꺼린다는 점을 보여줍니다.

중요한 것은 만약 학교폭력을 당했을 때 사실을 알릴 경우 도
움을 청하는 대상 1순위가 다름 아닌 부모님이라고 응답한다는 점
입니다. 그만큼 평소에 부모가 자녀를 잘 살피고 서로 공감과 소통
하려는 노력이 필요하다고 볼 수 있습니다. 가정뿐만 아니라 학교,
사회에서도 학교폭력 예방에 많은 관심을 기울여야겠습니다.

우리 아이가 학교에서 맞고 왔어요

아이가 학교에서 돌아왔는데 팔에 상처가 있었어요. 걱정이 돼 물어보니까 그냥 친구하고 싸웠다면서 아무렇지 않아 하더군요. 심각한 정도는 아니라서 그냥 넘어갔지만 아이가 맞았다고 하니 때린 아이가 괘씸하고 학교폭력은 아닌지 걱정되더라고요. 아이들끼리의 주먹다짐과 학교폭력의 기준은 뭔가요? 어느 정도여야 신고할 수 있는 건가요?

예전에는 아이들은 싸우면서 큰다거나, 아이들 싸움은 아이들끼리 해결해야 한다는 인식도 있었던 것이 사실입니다. 이런 인식은 잘못된 것입니다. '사소한 괴롭힘도 학교폭력이다'라는 인식을 가지는 것이 필요하고 심각해 보이지 않더라도 신체적 폭력이 있었다면 학교에서 학교폭력 사안으로서 조사를 해야 합니다.

친구들끼리 주먹다짐을 했다고 해도 정신적 신체적 피해를 봤다면 학교폭력에 해당됩니다. 이런 경우에는 서로 가해자이자 피해자가 될 것입니다. 걱정되시는 부분은 일방적으로 폭행을 당했거나 비슷한 일이 반복되는 것일 텐데요. 자녀가 편하게 이야기할 수 있는 분위기를 만든 다음에 차근차근 물어보시는 게 좋지 않을까 생각합니다. 학교폭력을 당했을 때의 대처법은 뒷부분에서 다루도록 하겠습니다.

어디까지가 학교폭력인지 물어보시는 학부모님들이 많은데요.

학교폭력은 언어·심리적 유형, 신체·물리적 유형 및 집단 따돌림 등으로 나뉘어집니다. 다음의 분류와 예시를 참고하세요.

학교폭력의 유형

1. 언어·심리적 유형

- 언어적 모욕(누군가를 모욕하도록 다른 사람을 설득하는 것도 포함)
- 험담하거나 나쁜 소문 퍼뜨리기
- 빈정거리거나 조롱하는 것
- 위협적인 행동
- 음란한 눈빛과 몸짓, 행동을 사진이나 동영상으로 찍어 수치심을 느끼게 하는 것
- 카페나 학교 게시판, 메일이나 모바일을 통한 반복적 협박 또는 비난 등

2. 신체·물리적 유형

- 고의적으로 건드리거나 치는 등 시비 걸기, 때리기 및 폭행(다른 사람에게 누군가를 때리게 하는 것도 포함)
- 장난을 빙자해 때리거나 힘껏 밀치기
- 하고 싶지 않은 일을 강요하는 것
- 물건·흉기 등을 이용해 상해를 입히는 것
- 침 뱉기
- 돈이나 물건 등 소지품을 감추거나 빼앗는 것
- 집단 따돌림, 고의적인 따돌림, 친구를 도우려는 행위를 막는 것

우리 아이가 다른 아이한테 맞는다는 생각만 해도 화가 납니다. 만약에 아이가 학교에서 친구들에게 폭력을 당했다는 걸 알게 됐을 때는 어떻게 해야 하나요?

부모가 먼저 흥분하는 것은 가장 나쁜 반응입니다. "누가 그랬어? 언제 맞았어? 그 아이 이름이 뭐야? 선생님은 알아? 너는 맞고만 있었어? 네가 먼저 잘못을 한 거 아니야?" 이렇게 취조하듯이 다그치면 자녀는 더 이상 말을 꺼내기가 어렵습니다. 자녀가 부모님께 폭력 피해 사실을 말했을 때는 정말 큰 용기를 낸 것입니다. 아이 스스로 어떻게 해볼 방법이 없는 상황, 더 이상 견딜 수 없는 상황이라고 볼 수 있습니다.

절대로 흥분하지 마시고 먼저 자녀의 마음을 알아주십시오. 폭력을 당하고 그것을 부모님께 말할 때 자녀의 심리 상태는 매우 복잡하고 불안합니다. 자신을 지켜주지 못한 부모에 대한 원망과 분노, 부모가 자신에게 실망할지도 모른다는 불안, 부모에 대한 미안함, 부당한 일을 당했다는 억울함 등 여러 마음이 혼재돼 있습니다.

피해 사실을 말할 때 자녀는 크게 두 가지를 원합니다. 하나는 부모가 자신이 어쩌지 못하는 상황에서 구해주는 것이고, 다른 하나는 자신의 괴로움을 부모님이 알아달라는 것입니다. 부모님이 먼저 하실 일은 아이의 괴로움을 알아주는 것입니다. "어떤 상황이든지 너를 믿고 사랑한다"는 것을 표현해줘야 합니다. 자녀가 심리적인 안정과 편안함을 찾은 다음에는 사건에 대한 증거자료를 확보하고 담임선생님에게 알려야 합니다. 이 과정이 다른 아이들에게 알려지지 않도록 조용히 진행해야 2차적인 피해를 막을 수 있습니다.

나쁜 대처 방안 중에는 부모님께서 "그 친구는 그냥 장난친 거 아냐? 싸우면서 크는 거야"라며 사건을 축소해 말하는 경우가 있습니다. 그것이 장난이었든 장난을 가장한 폭력이었든, 자녀가 그 일로 인해 괴로움을 느끼는 것은 분명한 사실입니다. 부모님의 입장이 아닌 자녀의 입장에서 사건을 보려는 노력이 중요합니다. "뭐 그 정도 일로 그러니?"라고 하기보다 "그런 일을 당했구나. 많이 힘들었겠구나"라고 말해주는 태도가 필요합니다.

학교폭력 피해에 대한 학부모의 대처 방안 Best 3

1. 대화를 통해 충분한 공감과 지지를 해준다.
2. 감정을 잘 조절해 자녀에게 심리적 안정감을 주며 차분히 대화한다.
3. 사건에 대한 증거자료를 확보하고 선생님에게 알린다.

학교폭력 피해에 대한 학부모의 대처 방안 Worst 3

1. 화를 내면서 아이를 야단친다.
2. 피해 상황과 사건을 축소해서 말한다.
3. 지나치게 흥분해 감정적으로 대처한다.

많은 부모님께서 자신의 자녀가 학교폭력의 가해자라는 사실을 인정하기 힘들어합니다. 때로는 "친구끼리 싸운 걸 가지고"라고 하면서 축소해보려고도 합니다. 이 같은 태도는 사태 해결에 도움이 되지 않을 뿐더러 문제를 더 키울 수 있습니다.

먼저 피해 사실을 알았을 때와 마찬가지로 흥분하지 마시고 아이의 입장에서 생각해주십시오. 무엇보다 먼저 사랑을 표현해주세요. 아이는 어떤 상황에서든 부모가 자신을 사랑할 거라는 확신이 있어야 솔직하게 말을 할 수 있습니다. 왜 그랬느냐고 물어볼 때 아이는 "그냥"이라고 대답할 수도 있습니다. 하지만 '그냥' 폭력을 행사하는 사람은 없습니다. 길 가는 애먼 사람을 폭행하는 사람도 피해자와 관련은 없지만 원인이 있기 마련입니다. 간혹 "그냥 재수 없어서"라고 대답하기도 합니다. 그럴 때는 그 친구가 구체적으로 어떤 말이나 행동을 했을 때 기분이 나빴는지 물어보시기 바랍니다. 그렇게 차분히 대화를 풀어가야 아이의 상처가 무엇인지를 알 수 있습니다.

문제가 크게 불거지지는 않았지만 우연히 자녀의 학교폭력 가해 사실을 알게 될 수도 있습니다. 이 경우 역시 시간, 장소, 피해 형태, 지속성 여부 등 객관적인 사실을 정확하게 확인한 다음 신고 해주시기 바랍니다. 그 과정에서 자녀와 대화를 나누면서 스스로 잘못을 반성하도록 해야 합니다.

부모 입장에서 자녀의 폭행 사실을 스스로 알리기란 여간 어려운 일이 아닙니다. 당장은 힘드시겠지만 자녀의 미래를 위한 일입니다. 상처는 시간이 갈수록 더 곪고 깊어집니다. 폭력 행위는 하루라도 빨리 중단돼야 하며 상처의 치유는 빠를수록 좋습니다.

가해학생 체크리스트

- 다른 아이들을 괴롭히거나 위협하는 행동이 목격된다.
- 다른 아이들을 때리는 모습이 보인다.
- 비행 전력이 있거나 또래 폭력 집단에 속해 있다.
- 돈 씀씀이가 커진다.
- 친구에게 받았다고 하면서 비싼 물건을 가지고 다닌다.
- 외출이 잦고 친구들의 전화에 신경을 많이 쓴다.
- 귀가 시간이 늦어지고 불규칙하다.
- 공격적인 행동을 보이거나 반복적으로 공격성을 나타낸다.
- 참을성이 없고 말투가 거칠다.
- 화를 잘 내며, 이유와 핑계가 많다.
- 부모에게 이유 없이 반항한다.
- 비밀이 많고 부모와의 대화가 없다.

친구가 학교폭력을 당하는 걸 우리 아이가 봤다고 해요. 도와주고 싶어도 보복당할까 봐 괜히 일만 키우는 건 아닌지, 이러다 자기까지 괴롭힘을 당하는 건 아닐까 겁이 나서 친구를 외면할 수밖에 없었다고 합니다. 학생이나 학부모가 조용히 도움을 요청할 수 있는 방안은 없는지, 신고자나 피해 학생을 보호하는 방안은 따로 없나요?

누구든 학교폭력을 신고한 사람에게는 신고 행위를 이유로 불이익을 주지 못하도록 법률로 규정하고 있습니다. 학교폭력 예방 관련 업무를 담당했거나 수행하는 사람은 가해학생, 피해학생, 신고자, 고발자와 관련된 자료를 다른 사람에게 누설해서는 안 됩니다. 만약 가해학생이 자신을 신고했다고 협박하거나 보복으로 또 다른 폭력으로 괴롭힐 경우 학교폭력으로 가해학생에 대한 조치가 가중될 수 있습니다.

이와 함께 피해학생 보호를 위한 규정도 마련돼 있습니다. 피해학생에 대한 보호가 긴급하거나 피해학생이 보호를 요청하는 경우에는 교장이 심리상담 및 조언, 일시보호, 그 밖의 피해학생 보호를 위해 필요한 조치를 할 수 있습니다. 이때 학교에 설치된 학교폭력대책자치위원회에 즉시 보고해야 합니다. 학교폭력대책자치위원회에서 심리상담 및 조언, 일시보호, 치료 및 치료를 위한 요양, 학급교체, 그 밖의 피해학생 보호를 위한 필요한 조치를 결정해 학교장에게 요청하면 학교장은 피해학생 보호자의 동의를 받아 7일 이내에 해당 조치를 해야 합니다. 이때 피해학생 보호 조치에 필요한 결석을 학교장이 인정하는 경우에는 출석일로 인정될 수 있습니다.

자녀가 학교폭력을 당했거나 폭력 현장을 목격했을 때는 '117 학교폭력신고센터_{여러 기관에 흩어져 있던 학교폭력 신고전화를 117로 통합함. 365일 24시간 언제든지 신고와 상담이 가능}'나 학교에 반드시 알려야 합니다. 학교폭력 피해 정도에 따라 Wee 센터나 CYS-Net 등 원스톱 지원센터를 통해 상담, 치유 등의 지원을 받을 수 있습니다. 학교폭력 SOS지원단이나 헬프콜 청소년전화를 통해 학교폭력 관련 상담을 받을 수 있습니다.

학교폭력 예방 포털사이트 www.stopbullying.or.kr

교육과학기술부에서 학교폭력 예방 캠페인 전개와 프로그램 소개를 위해 개설한 사이트. 학교폭력 관련 정책 소개와 함께 학교폭력 발생 시 어떻게 처리해야 하는지에 대한 그 절차를 한눈에 볼 수 있도록 안내하고 있다. 학교폭력 예방 우수 사례와 매뉴얼 등 자료뿐만 아니라 전화117, 문자#1388, #0117, 온라인Wee센터 등 상담받을 수 있는 경로도 소개하고 있다. Wee센터·학교폭력 SOS지원단 등 유관기관 사이트와도 연계된다.

학교폭력 예방 애플리케이션 '굿바이 학교폭력'

교육과학기술부에서 학교폭력 신고, 상담 서비스 제공과 각종 학교폭력 예방 교육 자료 등을 제공하기 위해 개발한 모바일 애플리케이션. 애플리케이션 마켓에서 무료로 다운로드받아 설치할 수 있다. '나만의 긴급번호'는 미리 긴급번호를 설정해놓으면 긴급 상황 시 문자가 발송될 때 본인의 위치가 자동으로 표시된다"[구조요청] 서울시 00구 00동 00번지". '함께 확인해요'는 교사와 학부모가 아이의 학교폭력 가해 혹은 피해 여부를 짐작할 수 있는 테스트와 대처 요령을 제공한다. '고민을 나눠요'는 전화, 문자, 온라인 상담을 한곳에 모아뒀다. '117 학교폭력 신고센터'로 자동연결되거나 청소년 모바일 문자상담 #1388로 메시지가 전송된다. Wee 온라인 상담게시판으로 바로 이동할 수도 있다.

- 사소한 괴롭힘도 폭력이고, 폭력은 범죄이다.

- 자녀가 은연중에 부모님께 도움을 요청하고 있지는 않은지 세심한 관심을 기울여야 한다.

- 자녀가 도움을 청하는 1순위는 바로 부모님이다.

- 자녀가 폭력 피해를 당했다는 사실을 알았을 때는 먼저 자녀의 마음을 알아줘야 한다.

- 증거자료를 확보하고 담임선생님에게 알리는 과정이 다른 아이들에게 알려지지 않도록 각별히 유의해야 한다.

02

아이들이 받은 상처를
치유할 방법이 있을까요?

"이웃집이 이사를 갔다. 그 집 아이가 우리 아이와 같은 학년이어서 서로 정보도 주고 고민도 나누곤 했었는데……. 갑자기 이사를 가서 아이 아빠의 직장 문제인가 했는데 나중에 알고 보니 친구들한테 집단적인 괴롭힘을 당했다고 한다. 피해자가 또 피해를 보고 있는 건 아닌지 부당하다는 생각이 든다. 잘못을 저지른 만큼 그에 따른 벌을 받는 게 마땅하다고 생각한다. 한편으로 생각하면 그 아이들도 누군가의 귀한 자녀인데, 처벌이 능사는 아닌 것 같다. 폭력을 가했다고 해도 아직 어린 학생들이지 않은가. 물론 내 아이가 폭력을 당한다면 나도 어떻게 생각할지 모르겠지만……."

아이를 때린 학생은 어떻게 되나요?

아이가 학교에서 맞고 왔습니다. 너무 화가 나서 학교에 바로 전화를 걸었습니다. 우리 아이를 괴롭힌 아이가 너무 괘씸해서 용서가 안 됩니다. 다시는 또 다른 피해자가 없도록 엄하게 대응해야 하는 거 아닌가요? 학교폭력을 신고했다면 이후에 어떤 과정을 거쳐 처리되나요?

학교폭력 사안 처리 단계는 다음과 같이 크게 네 단계로 진행됩니다.

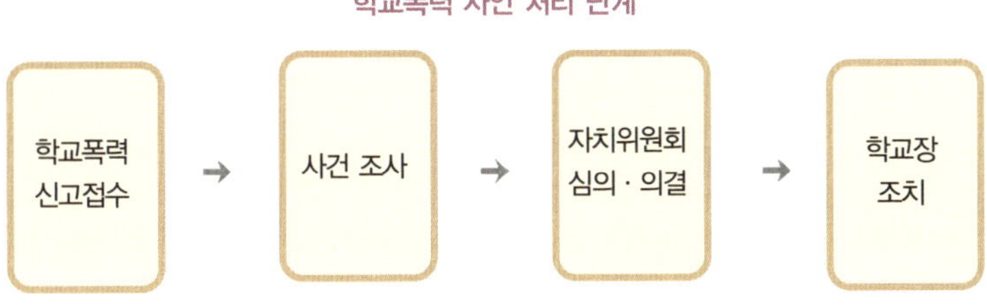

첫째, 학교폭력 신고접수 단계입니다. 학교폭력 사안은 피해학생이 학교에 직접 신고하거나, 학교폭력 신고전화 117로 신고할 수 있습니다. 신고된 학교폭력 사안에 대해 학교폭력 책임교사는 신고 내용을 학교장에게 보고하고, 담임교사에게 통보하게 됩니다.

둘째로 학교장은 교감, 상담교사, 보건교사, 학교폭력 책임교사로 구성된 전담기구 또는 학교에 소속된 교원이 신고된 사건의 가해·피해 사실관계에 대해 확인하도록 합니다. 조사된 가해·피해 사실관계는 학교에 설치된 '학교폭력대책자치위원회'에 보고됩니다. 참고로 학교폭력대책자치위원회는 교감, 교사, 학부모 대표, 판사·검사·변호사, 경찰공무원, 의사, 학교폭력 예방 및 청소년보호 전문가 등을 포함해 5인 이상 10인 이하로 구성됩니다.

셋째로 전담기구에서 조사한 내용을 바탕으로 학교폭력대책자치위원회에서 피해학생 보호 조치 및 가해학생 조치를 심의·의결하게 됩니다. 심의·의결된 내용은 학교폭력대책자치위원회에서 학교장에게 시행을 요청하게 됩니다. 피해학생 보호 조치로는 심리상담 및 조언, 일시보호, 치료 및 치료를 위한 요양, 학급교체, 그 밖의 필요한 조치들이 있습니다. 가해학생 조치 유형으로는 서면사과, 피해학생 및 신고·고발 학생에 대한 접촉·협박 및 보복행위 금지, 학교에서의 봉사, 사회봉사, 특별교육 또는 심리치료, 출석정지, 학급교체, 전학, 퇴학이 있습니다.

넷째로 학교장은 피해학생 보호 조치를 위해 피해학생의 보호자 동의를 받아 7일 이내에, 가해학생 조치는 14일 이내에 반드시 요청받은 조치를 실시해야 합니다.

정부는 2012년 2월에 '학교폭력 없는 행복한 학교'를 목표로 '학교폭력근절 종합대책'을 발표했습니다. 사소한 괴롭힘도 폭력이며 폭력은 범죄라는 인식을 가지고 좀 더 엄한 조치와 예방교육을 확대하도록 하고 있습니다. 학교폭력근절 종합대책을 한눈에 보실 수 있도록 정리한 표를 보고 참고하시기 바랍니다.

학교폭력 없는 행복한 학교

| 목표 | 학교폭력 없는 행복한 학교 |

‘사소한 괴롭힘’도 ‘범죄’라는 인식하에 철저히 대응

직접대책

학교장과 교사의 역할 및 책임 강화

| 대처 권한 부족 및 학교폭력 은폐 | → | 대처 권한 및 역할 대폭 강화 은폐 시 엄중 조치로 책무성 확보 |

신고–조사체계 개선 및 가·피해학생에 대한 조치 강화

| 신고번호 분산 체계적 대응체계 부재 처벌 및 보호조치 미흡 | → | 신고체계 일원화 조사·지원 기능 체계화 가해/피해학생 조치 강화 |

또래활동 등 예방교육 확대

| 건전한 또래문화 미형성 | → | 학생 간의 자율적 갈등 해결 학교단위 예방교육 체계화 |

학부모교육 확대 및 학부모의 책무성 강화

| 참여 부족, 무관심 책무성 미흡 | → | 학부모 교육·자원봉사 확대 |

학교–가정–사회가 함께 인성교육 실천

근본대책

교육 전반에 걸친 인성교육 실천

| 학업성취 수준은 높으나 인성·사회성은 낮은 수준 | → | 바른생활습관, 학생생활규칙 준수 등 실천적 인성교육 추진 |

가정과 사회의 역할 강화

| 민·관의 유기적 대응 미흡 가정의 교육 기능 약화 | → | 민·관 협력체제 강화 가정의 교육 기능 회복 |

게임·인터넷 중독 등 유해 요인 대책

| 교육적 시각에서 심의·규제 기능 미흡 | → | 게임·인터넷 심의·규제 및 예방·치유교육 확대 |

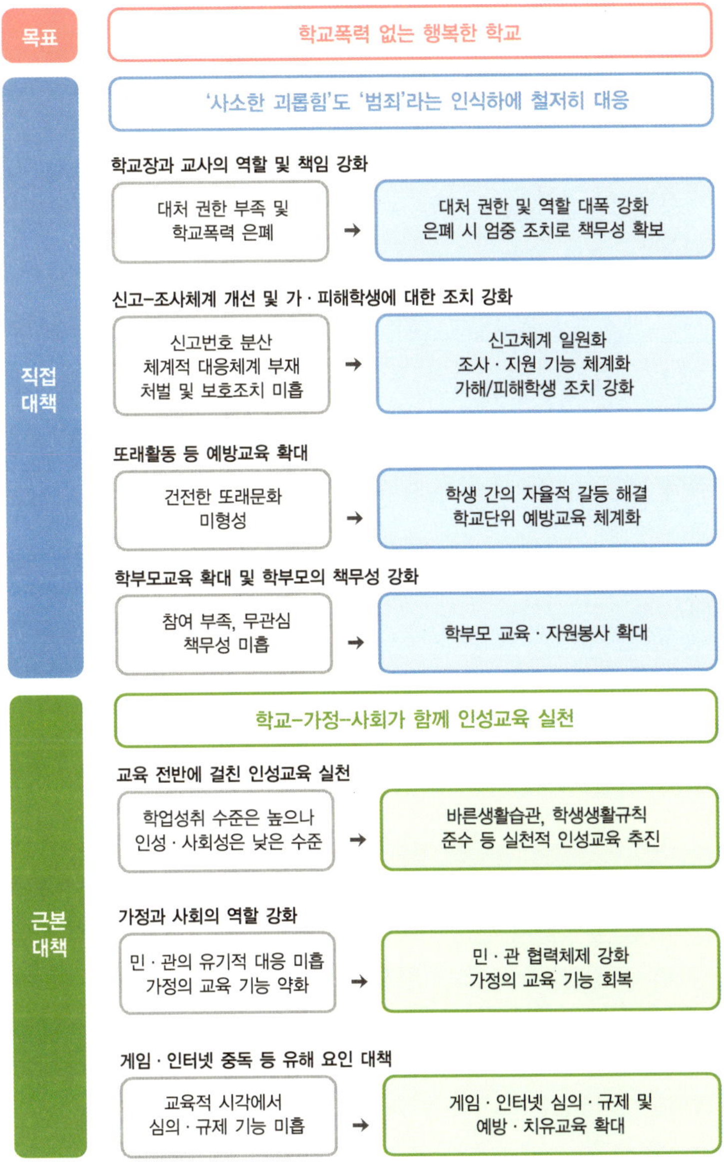

학교에서 출석정지의 징계를 받게 되면 가해학생이 학교 밖 보이지 않는 곳에서 피해학생을 괴롭히지 않을까 걱정이 됩니다. 며칠씩 출석정지라는 징계를 받은 학생들은 그 기간에 어떻게 지내게 되나요?

가해학생은 출석정지 기간 동안 주로 교육감이 정하는 기관에서 특별교육이나 심리치료를 이수하게 됩니다. 피해학생 및 신고 · 고발 학생에 대한 접촉 · 협박과 보복 행위의 금지, 학교에서의 봉사, 사회봉사, 출석정지, 학급교체, 전학, 퇴학의 조치를 받은 가해학생은 학교폭력대책자치위원회가 정하는 기간 동안에 교육감이 정한 기관에서 특별교육을 이수하거나 심리치료를 받아야 합니다. 이 경우에는 가해학생의 보호자도 특별교육을 함께 이수해야 합니다.

가해학생뿐 아니라 가해학생의 보호자도 특별 교육을 받아야 한다고 하는데 어떤 내용으로 이뤄져 있나요?

가해학생과 가해학생의 보호자가 받는 특별교육은 교육감이 정하는 기관에서 이수받게 됩니다. 지역별로 특화된 프로그램을 구성하고 운영하기 위해 노력하고 있습니다.

대전광역시 교육청의 경우 학교폭력 특별교육기관으로 '새솔센터'를 운영하고 있습니다. 새솔센터는 입교 및 개인상담 · 검사,

학교 복귀를 위한 심리재활 프로그램, 학교 복귀 및 추후 관리 세 단계로 프로그램을 운영하고 있습니다.

1단계에서는 개인별 면담과 함께 다요인인성검사, 한국아동·청소년성격검사 등 다양한 검사도구를 활용해서 심리검사를 실시합니다. 2단계에선 충동조절, 집단미술치료, 흡연 등 의존행동 조절, 동기 촉진 등 다양한 치료 프로그램을 새솔센터에서 직접 이수받게 됩니다. 3단계에서는 학교에 복귀해 전화, 개인·가족상담을 통해 추후관리가 이뤄지며 가족치료캠프를 지원합니다.

이 같은 제도는 가해학생이 스스로 잘못을 깨닫고 피해학생이 받은 고통에 공감할 수 있도록 하며 가해학생의 부모 역시 자녀의 인성교육에 책임을 지도록 하자는 데 취지가 있습니다.

피해학생이 다시 학교에 적응할 수 있을까요?

학교폭력 피해학생을 위한 교육과 치료는 어떻게 강화되고 있나요?

학교폭력을 당한 피해학생에게 교육·치료를 하는 것이 중요합니다. 학교폭력 신고전화를 117로 통합하고 기존의 Wee 센터, CYS-Net을 학교폭력 원스톱 지원센터로 지정해 학교폭력 피해학생의 상담과 치유를 지원할 수 있도록 운영하고 있습니다.

충청북도 Wee스쿨인 청명학생교육원에서는 '참만남 프로그램' 운영을 통해 피해학생 치료를 돕고 있습니다. 참만남 프로그램이란 피해학생이 교사와 공개토론 형식으로 자신의 의사를 표현하고 청중이 되는 학생들이 그들의 문제를 지적하는 프로그램입니다. 학생이 참만남 쪽지를 신청하면 신청자와 함께 상대자, 참석할 교육원 내에서 여러 명의 학생들과 참만남을 실시합니다. 참만남 종료 후에는 감정의 앙금이 남아 있는지를 확인합니다.

민간 부문의 프로그램도 활용되고 있습니다. 경상북도 도리사의 경우 '1박2일 마음나누기 템플스테이'를 학교와 연계해 운영하고 있습니다. 참선, 노동, 걷기를 통한 명상 등 마음 수행형 프로그램과 나에게 쓰는 편지, 마음 나누기 차담 등 심리 프로그램을 운영하고 있습니다.

사후 처리 과정에서 피해학생이 더 많이 피해를 본다고 들었습니다. 폭력을 행사한 아이들은 멀쩡하게 학교에 다니고 있는데 피해학생이 전학을 가는 경우가 많다고 들었어요. 이런 사례는 잘못된 것 아닌가요?

그동안은 학교폭력이 발생하면 사건을 처리하는 데만 급급한 나머지 피해학생 보호에 소홀한 면이 있었습니다. 피해학생은 한 명인 데 반해 가해학생은 다수인 경우가 많아서 한 명인 피해학생이 오히려 전학을 가는 사례도 있었습니다.

이런 문제를 개선하기 위해 학교폭력 예방 및 대책에 관한 법률을 개정함으로써 피해학생에 대한 전학 권고 조치를 삭제했습니다. 학교의 장이 가해학생의 출석 정지 등 긴급 조치와 피해학생의 심리상담, 보호 등 긴급보호를 할 수 있도록 피해학생 보호를 강화했습니다.

필요한 교육정보는 이곳에서

스쿨로 http://schoolaw.lawinfo.or.kr

학교폭력과 관련한 법령 정보를 초등
학생, 중·고등학생, 학부모 각각의 눈
높이에 맞춰 제공하고 있다.

스쿨로는 재미있는 웹툰과 관련 문답
으로 학교폭력 법령 개념을 쉽게 이해
할 수 있게 했다. '솔로몬의 토론', '솔로몬의 재판', '학급 생활규칙 만들기'
메뉴를 통해 학교 수업시간에 활용할 수 있는 모의토론 시나리오를 제공하고
있다. 이밖에도 학교폭력 체크리스트와 학교폭력에 휘말렸을 때의 대처법이
나 신고 방법도 소개한다. 스쿨로 학부모 페이지에서는 학교폭력 관련 주요
기사와 법령을 알아볼 수 있다. 학교폭력에 관한 정보를 피해학생 학부모와
가해학생 학부모로 나눠 정보를 제공하고 있다. 피해학생 체크리스트와 징후
관리, 학교폭력 노출 진단과 신고, 상담과 학교에서의 해결, 형사 고소, 민사
소송, 성폭력 피해와 처벌 등 상세하게 제공하고 있다.

학교폭력 상담 창구

다음 **마이피플** → 학교폭력 상담창구 '상다미쌤'

네이버 **지식in** → 학교생활컨설턴트

학교폭력 상담을 온라인으로 쉽게 접근할 수 있도록 포털사이트에 마련한 공
간. 다음의 모바일 메신저 서비스인 마이피플에 학교폭력 상담 창구 '상다미
쌤'이 개설돼 있다. 마이피플의 친구 추천 메뉴에서 '상다미쌤'을 친구로 추가
한 후 메시지를 보내면 전문상담사에게 상담을 받을 수 있다. 네이버 지식in
에서는 '교육과학기술부 학교생활컨설턴트'로 전문상담교사 등 학교 내 상담
자격증 소지자 500여 명이 위촉돼 활동하고 있다. '학교폭력' 검색 시 법령
과 학교 내 처리 절차 등을 함께 소개하고 있다.

- 학교폭력 가해 학생이 접촉·보복 금지, 교내 봉사, 사회 봉사, 출석 정지, 학급 교체, 전학의 조치를 받게 되면 가해학생과 보호자가 함께 특별교육을 이수받게 된다.

- 피해학생이 억울하게 전학을 가는 일이 없도록 법률의 개정을 통해 전학권고 조치를 삭제했다.

- 신고전화가 117로 통합돼 언제 어디서나 신고·상담할 수 있다.

- Wee센터, CYS-Net을 학교폭력 원스톱 지원센터로 지정해 피해학생의 상담·치유를 지원하고 있다.

- 신고를 했다는 이유로 보복 행위를 할 경우 더욱 엄중한 조치가 내려질 수 있다.

03

모든 이를 포용할 수 있는 아이로 키울 방법이 있나요?

"언제부터 이렇게 학생들이 무서워졌는지 모르겠다. 길을 지나다 마주치는 학생들의 대화를 들어보면 깜짝 놀랄 때가 한두 번이 아니다. 험한 말을 일상 대화처럼 자연스럽게 주고 받는다. 건드리면 폭발할 것 같은 우리 아이도 마찬가지다.

학교 선생님들께서 일일이 지도하기엔 어려움이 있는 건 알지만 또래가 모여있는 학교에서 나쁜 버릇을 들여오는 것만 같아서 생활지도도 함께 해줬으면 하는 아쉬움도 있다. 왕따나 학교폭력을 근절하겠다고는 하는데, 그 전에 마음이 너그러운 아이로 자랄 수 있는 교육이 필요하지 않을까."

학교폭력 예방을 위해 선생님들은 어떤 노력을 하나요?

아이가 학교에 있는 동안은 제가 볼 수 없으니 선생님을 믿을 수밖에 없어요. 하지만 믿음이 가지 않는 부분도 있는 게 사실입니다. 선생님들께서 좀 더 신경 써주시면 좋을 텐데요. 교육과학기술부가 선생님들께서 학생들에게 더 관심을 가질 수 있도록 여건을 만들어주면 좋지 않을까요?

이번 학교폭력 종합대책 중 교원과 관련된 부분에서는 학교장과 교사의 역할과 책임 강화를 최우선으로 했습니다. 학교장에게는 앞에서 말씀드린 가해학생에 대한 출석정지 등의 권한을 부여하고 있습니다.

학교폭력을 예방하고 근절하기 위해서는 학생들과 가장 많은 시간을 함께 보내는 담임교사의 역할을 강화할 필요가 있습니다. 학생 개개인에게 더욱 애정과 관심을 가지고 지도할 수 있도록 모든 담임선생님에게 생활지도와 상담업무를 의무화했습니다. 더불어 생활지도부장을 중심으로 전문상담교사 자격증 소지 교사, 전문상담교사, 보건교사, 전문상담인력 등으로 생활지도전담팀을 구성하도록 했습니다. 교원의 행정 업무 경감 방안도 마련해놓아서 학생들의 생활지도에 집중할 수 있도록 하는 노력을 계속하고 있습니다.

관심을 많이 받고 있는 정책이 복수담임제인데요. 교육과학기술부는 학급당 학생 수가 30명 이상인 중학교 2학년에 우선 복수담임제를 도입해 두 명의 담임교사가 역할을 분담하고 학급 운영 및 생활지도를 하도록 했습니다. 특히 중학교 2학년에 집중한 이유는 그 시기에 정서적으로 힘들어하는 학생이 많다는 의견에 따른 것입니다. 두 명의 담임선생님이 새로운 각도로 학생을 관찰·상담함으로써 부적응 학생에 대한 효과적인 지도가 가능해지고 학교폭력의 징후도 빨리 알아낼 수 있습니다. 부수적으로 현장체험학습을 할 때에는 안전지도 등이 잘 이뤄져 체험학습의 효과가 높아지는 등 긍정적인 효과가 나타나고 있습니다.

울산의 한 중학교에서는 복수담임제 등을 활용해 '티처 홈스테이'를 실시하고 있습니다. '문제를 갖고 있는 학생' 들과 선생님이 선생님의 집이나 교육수련원 등에 가서 상담을 통해 마음을 나누는 시간을 가졌다고 합니다. 스승과 제자 간에 서로 신뢰하는 마음을 회복하자는 것이었습니다. 이 중학교는 학년 초 학교폭력 문제가 많은 학교라는 비난을 받았지만 약 6개월 후에는 학생, 학부모, 교사 모두가 폭력 없는 학교로 인정했다고 합니다.

이외에도 경상남도의 한 고등학교는 교사들이 밴드를 만들어 생일을 맞은 학생들에게 공연을 해주고 있습니다. 처음에는 냉랭한 반응을 보이던 학생들이 선생님들에게 마음을 열기 시작해 시간이 지날수록 호응도가 높아지고 있다고 합니다.

　　다음은 경상남도의 한 초등학교에서 5학년 담임을 맡고 계신 선생님의 사례를 요약한 것입니다.

학기 초 한 학생의 아버지가 찾아와 자녀와 같은 반 학생을 크게 혼냈습니다. 더러운 행동을 한다는 소문을 퍼뜨려 자녀가 따돌림을 받게 했다는 것이 이유였습니다. 사정을 알아보니 3학년 때부터 시작돼 5학년이 됐을 때까지 같은 일이 이어지고 있었습니다. 피해학생의 부모님은 진상 파악을 위한 진술서, 관련자 명단, 관련 학생과 교장 및 학부모의 재발방지 각서, 가해자 상담 등을 요구하셨습니다. 다시는 이 같은 일이 생기면 인권위에 제소, 학생 부모를 상대로 한 고소와 학교를 상대로 손해배상 청구 등의 방법을 동원하겠다고 하셨습니다.

우선은 정확한 사태를 파악하는 것이 먼저였습니다. 학급학생들의 진술서를 받아보니 참담한 내용의 괴롭힘이 있었습니다. 진술서에 자주 거론된 12명의 학생들은 교감선생님과 면담을 했고 그 다음 주에 그 학생들의 부모님들을 학교로 불렀습니다. 학부모님들은 불쾌한 얼굴로 "그 아이한테도 문제가 있는 게 아니에요?"라는 말부터 꺼냈습니다. 하지만 진술서에 적힌 내용들을 말씀드리니 금방 상황을 인정하셨습니다. 그러던 차에 한 학부모님이 이렇게 말씀하셨습니다.

"만약 우리 아이가 그런 취급을 당했다면 어땠을까 하고 생각하는 것만으로도 마음이 아픕니다. 그 부모님은 얼마나 상처가 깊겠습니까. 이런 종이 한 장이나 사과 한마디로 아픔이 다 사라지지는 않겠지만 우선은 그 아이와 부모님의 마음을 풀어주고 상처를 달래는 것이 먼저인 것 같네요."

그러고는 재발 방지 확인서에 서명을 하셨고 다른 부모님들도 서명을 하셨습니다. 그 사실을 곧바로 피해학생의 부모님께 알렸습니다. 그날 오후 피해학생의 아버지가 양손에 간식거리를 가득 사들고 교실을 찾아오셨습니다. 교단에 선 아버지는 떨리는 목소리로 말했습니다.

"안녕하세요. 나는 ○○의 아버지입니다. 우리 ○○이 부족한 면이 많지만 야무진 학생들이 옆에서 잘 보듬어주면서 친하게 지내주면 좋겠습니다. ○○이랑 잘 지내주세요. 부탁합니다."

아버지가 교실을 나간 후 아이들은 피해학생에게 미안한 듯 "잘 먹을게" 하며 인사를 건넸습니다. 그런 모습을 지켜보고 있으니 눈물이 날 것 같았습니다.

이후 출근시간을 앞당겨 학생들보다 먼저 교실에 도착했습니다. 쉬는 시간과 점심시간에도 가능하면 교실을 떠나지 않았습니다. 아이들이 친구들을 괴롭힐 환경을 만들어주지 않기 위해서였습니다.

아이들의 일기장에 일일이 댓글을 달아주는 일도 시작했습니다. '너는 선생님에게 관심 받고 있어, 너는 참 사랑스럽고 소중한 아이야'라는 메시지를 전달하고 싶었습니다. 특히 친구에게 섭섭하거나 화난 일이 적혀 있을 때는 조언을 댓글로 적었습니다. 그러면 학생들은 그 친구와 화해했다는 것을 일기로 알려주기도 했습니다.

피해학생과 가해학생과의 상담도 지속적으로 했습니다. 소통이 부족하다고 느꼈기 때문입니다. 가해학생은 "그 친구에게 너무 미안하고 부모님께도 너무 죄송해요. 앞으로 사이좋게 지낼 수 있었으면 좋겠어요"라며 눈물을 흘리기도 했습니다.

2학기가 끝나갈 즈음, 반 아이들의 표정이 밝고 가벼워졌습니다. 다른 반 친구들이 싸움을 하면 말리기도 하고 누군가 위험한 상황에 처한 것을 보면 곧바로 선생님에게 알리고 있습니다.

인성을 학교생활기록부에 기재한다고요?

학교폭력을 근본적으로 줄이기 위해 인성교육이 중요하다고들 하는데, 인성교육은 도대체 무엇인가요? 학교에서는 어떤 인성교육을 하고 있죠?

그동안 '인성교육'의 개념이 쉽고 구체적이지 못한 면이 있었습니다. 인성을 강조하면서도 학교에서 구체적으로 무엇을 어떻게 가르치고 길러줘야 하는지에 대한 실천 방법도 부족했습니다. 그래서 사회성_{공감, 소통}, 도덕성_{정직, 책임}, 감성_{긍정, 자율}이라는 인성교육 3차원 6덕목을 새로운 인성 개념의 요소_{46페이지 참고}로 정립하고 이를 바탕으로 인성교육을 하고 있습니다.

학교에서의 인성교육은 체육활동과 예술활동, 독서활동으로 요약된다고 말씀드릴 수 있겠습니다. 현재 모든 중학생들의 체육활동_{체육수업+학교스포츠클럽}을 주당 2~3시간에서 주당 4시간으로 확대하고, 중학교 스포츠클럽 활동 지원과 교육지원청이 주관하는 스포츠리그를 확대 운영하고 있습니다.

다음으로는 예술활동인데요. 학생 오케스트라, 예술교육선도학교, 예술동아리, 만화 · 애니메이션 · 영화 · 디자인 아카데미를 지원하고 있습니다. 이밖에도 독서 체험활동 기회를 확대하고 독서교육기부 프로그램 개발 등 독서교육에 대한 지원을 강화하고 있습니다.

본래 독서는 지식을 위해, 정서를 위해서도 좋은 일이죠. 인성교육을 위한 독서교육은 어떤 다른 점이 있나요?

모든 폭력의 근본적인 원인은 소통의 부족함에 있지 않나 생각합니다. 이유 없이 친구를 괴롭히는 것도 통로를 찾지 못한 불만이 쌓이고 쌓여서 나타나는 행동일 것입니다. 인성교육을 위한 독서교육은 책을 매개로 해 소통의 통로를 열어주자는 것입니다. 예를 들어 교육과학기술부에서는 750개의 사제동행 독서동아리를 지원하고 있는데요. 학생들이 책을 읽고 친구나 선생님과 이야기를 나누는 것입니다. 자신과 같은 생각에 공감할 수 있고, 다를 때는 친구의 생각을 물어보고 자신의 의견을 말합니다. 이 과정에서 자신과 다른 것을 인정하고 존중하는 법을 배우게 됩니다. 이것이 바로 교육과학기술부가 추구하는 독서를 통한 인성교육입니다.

사제동행 독서동아리는 독서토론 외에도 책 쓰기, 독서 캠페인, 관련 문화탐방, 작가와의 만남, 책 축제, 독서경연대회 등 다양한 독서 체험활동을 전개하고 있습니다. 2012년 7월에는 전국 6개 권역에서 개최된 '릴레이 저자 특강'에 1,000여 명의 학생이 참여했습니다. 10월에는 '북나눔 책축제'를 통해 초청 작가와 독서동아리 회원들이 함께 주제를 선정해 스토리텔링을 해보고 발표하는 기회를 가졌습니다. 이를 통해 건전한 또래 문화가 만들어지는 것은 물론이고 책 이야기를 매개로 한 소통과 공감, 자기표현 능력 함양 등 살아 있는 인성교육을 실천하는 데 중점을 두고 있습니다.

독서교육이 책을 매개로 한 소통이었다면 체육 수업은 운동을 매개로 한 소통 방법입니다. 운동을 할 때는 말을 많이 하지는 않죠. 예를 들어 축구를 한다고 할 때 짧은 순간에 눈빛을 교환합니다. '저 쪽으로 패스할 테니까 미리 뛰어가라'와 같은 신호죠. 그것이 제대로 먹혔을 때 '서로 통했다'는 기쁨은 말로 표현하기 어렵습니다. 그래서 활짝 웃으면서 하이파이브를 하죠. 신호대로 되지 않았다면 다시 사인을 맞출 텐데요. 이것 역시 소통입니다.

이처럼 친구들끼리 함께 운동을 하면서 팀원으로서의 협동 정신과 배려심을 배우게 됩니다. 이겼을 때는 '함께 해냈다'는 성취감을, 졌을 때는 좌절감을 함께 극복함으로써 인성을 배양할 수 있습니다. 물론 열심히 뛰고 땀을 흘리면 스트레스가 해소되는 것은 기본입니다.

울산의 한 중학교의 경우 2010년 학교폭력위원회 심의건수가

10건에 이르렀습니다. 학생들에게 점심시간 30분을 이용한 체육 활동을 권장하면서 남학생은 매일 학년별 축구리그전을, 여학생은 체육관에서 스포츠 스택킹이라는 컵 쌓기 대회를 진행하면서 학교 분위기가 긍정적으로 변화했다고 합니다. 2011년 이 학교의 학교폭력위원회 심의건수는 1건에 불과했습니다. 이처럼 체육활동을 통한 긍정적인 사례들이 많이 나타나고 있습니다. 체육수업 확대와 함께 학교스포츠클럽을 지속적으로 해오고 있는 이유입니다.

학교스포츠클럽은 정규 체육 수업 외에 축구, 농구, 수영, 요가 등 다양한 스포츠 가운데 학생들이 원하는 종목을 골라 자율적으로 참여할 수 있습니다. 점심시간이나 방과 후, 토요일을 이용해 운영되고 있습니다. 2008년 시작된 스포츠클럽은 현재 45% 정도의 학생이 참여하고 있으며 앞으로 이를 더욱 확대할 계획입니다.

2012년부터는 모든 중학교에 학교스포츠클럽 활동 시간을 정규교육과정 중 실시하도록 했습니다. 학교 교사뿐 아니라 스포츠 강사도 활용해 지도하도록 했습니다. 학교의 부족한 체육시설을 보완할 수 있도록 학교 밖 인근 체육시설을 이용할 수 있게 시설이용료를 지원하는 등 학교 체육시설을 점차적으로 개선해나가고 있습니다.

혹시 엘 시스테마El Sistema라고 들어보셨나요? 경제학자이자 아마추어 음악가인 호세 안토니오 아브레우 박사가 마약과 범죄에 노출돼 있는 베네수엘라의 빈민가 아이들에게 음악을 가르쳐 범죄를 예방하고 미래에 대한 꿈을 가지게 하자는 취지로 1975년 처음 시작한 음악교육입니다. 이 음악교육 프로그램은 '기적의 오케스트라'라고 불리며 남미를 넘어 세계 각국으로 확산됐습니다. 2010년 한국을 방문한 호세 안토니오 아브레우 박사는 이런 말을 했습니다.

"오케스트라는 악기를 연주하는 것 이상입니다. 오케스트라는 그 자체가 하나의 사회입니다. 학생들이 그 속에서 자신의 역할을 다하고 옆의 사람들과 더불어 아름다운 선율을 만들어내는 것 자체가 함께 아름답게 살아가는 것이 무엇인지를 가르쳐 줍니다."

이 말에 대표적인 예술교육 중 하나인 학생오케스트라를 운영하는 이유가 다 녹아 있습니다. 굳이 이런 예를 들지 않더라도 음악이 정서적인 안정감을 준다는 것은 경험으로 다 아는 사실이죠. 청소년뿐 아니라 어른들도 감정의 발산이 필요한데, 예술은 좋은 도구가 됩니다. 고인 물이 썩듯이 발산되지 못하고 고여 있는 감정은 부정적인 행동을 불러오기 쉽습니다.

현재 300개의 학교에서 학생오케스트라를 운영 중인데요. 얼마 전에는 전국 시·도교육청에서 추천한 초·중·고 20여 개교 2,000여 명이 참가한 전국 학생오케스트라 페스티벌도 개최했습니다.

큰 대회에 참가하지 않더라도 학교와 지역에서 공연한다는 것만으로 학생들에게는 큰 성취감과 기쁨을 줍니다. 각기 다른 소리를 가진 악기가 모여 화음을 만들어내듯이 각기 다른 성향의 아이들이 오케스트라 활동을 하면서 협동과 배려를 배우는 것입니다.

오케스트라 외에도 예술중점학교 23교, 예술교육선도학교 71교, 중학생 예술동아리 678개를 지원해 예술활동을 통한 즐거운 학교문화를 조성하고 있습니다. 만화, 애니메이션, 영화, 디자인 등 다양한 분야의 아카데미에는 4만5,000여 명의 학생과 교사가 참여하고 있습니다. 삼익악기, 더존 IT그룹 등의 교육기부를 통해 통기타교실, 키보드교실, 전국학생밴드 사업 등을 지원받고 있습니다.

인성을 학교생활기록부에 기재하고 입학전형에도 포함시킨다는 것은 당연하다는 생각이 들면서도 걱정스럽기도 해요. 어떤 방식으로 추진되고 있는 건가요?

2012년 3월 1일 이후 발생한 학교폭력에 대해 학교폭력대책자치위원회에서 심의한 가해학생 조치 사항을 학교생활기록부에 기재하도록 하고 있습니다. 조치 사항 기재 이후 지속적인 지도와 상담을 통해 가해학생의 행동의 변화를 유도하고, 긍정적인 변화의 결과를 '행동발달 및 종합의견' 등에 충분히 기록해 낙인 효과를 방지하고 자기주도학습전형, 입학사정관전형에서 오히려 긍정적인 효과로 작용할 수 있도록 했습니다.

한국대학교육협의회에서도 학교폭력 관련 사항을 입학사정관전형의 인성 평가 항목에 포함시키지만 이후 개선된 모습이 함께 기재된다면 긍정적으로 평가하겠다는 발표를 했습니다.

가정에서는 어떻게 인성교육을 해야 하나요?

학교폭력 문제가 하루아침에 해결되는 것은 아니므로 우리 아이도 언제든지 피해자나 가해자가 될 수 있잖아요. 미리 예방하는 데 도움이 되는 방법은 없을까요?

먼저 학교폭력이 무엇인지를 설명해주셨으면 합니다. 가해학생들 중에는 자신이 한 행동이 친한 친구들 사이에 하는 짓궂은 장난 정도로 생각하는 경우가 많습니다. 자신은 친하다고 장난을 친 것인데 상대방이 싫어해서 오히려 당황하기도 합니다. 아무리 사소한 것이라도 상대방이 싫어하는 행동은 잘못된 것이라고 알려주셔야 합니다. 반대로 친구가 친하다고 장난을 쳤을 때 그것이 기분 나쁘다면 "네가 이러이러한 행동을 했을 때 기분이 나쁘다"라고 말하는 법도 알려주세요.

학부모교실, 아버지 학교, 학교폭력 취약 지역이나 직장인을 대상으로 하는 찾아가는 학부모교육 등 학부모님들을 위한 예방교육도 하고 있으므로 교육에 참여하시면 도움이 되실 것입니다. 이밖에도 스쿨로http://schoolaw.lawinfo.or.kr, 한국청소년상담원www.kyci.or.kr, 전국학부모지원센터www.parents.go.kr 등과 같은 사이트에서도 학부모를 대상으로 한 프로그램을 운영하고 있습니다.

인성교육이라는 게 좀 막연한 것 같아요. 가정에서 할 수 있는 인성교육의 예를 든다면 어떤 것이 있을까요?

부모님들께서는 더러 사람들에게 '언제 식사 한번 하시죠'라고 인사를 하십니다. 빈말인 경우도 있지만 식사를 제안한다는 것은 친해지고 싶다는 뜻입니다. 사적으로 자주 같이 밥을 먹으면 친하다는 뜻이기도 하죠. 가정에서의 인성교육을 물었는데 웬 식사 이야기냐고 의아해하실 텐데요. 밥상머리교육을 말하기 위해서입니다.

부모님이 같이 식사를 하면서 자녀와 친해지라는 말씀을 드리고 싶습니다. 대화가 부족한 부모와 자녀의 관계를 '서로 사랑하지만 친하지는 않은 사이'라고 표현할 수 있을 듯한데요. 부모님 세대 때는 식사를 하면서 대화를 나누는 일은 금기시됐습니다. 식사를 할 땐 오로지 밥만 먹어야 했습니다. 하지만 지금은 과거와는 상황이 달라졌습니다. 부모님도 바쁘고 아이들도 바쁩니다. 그러니 밥을 먹을 때만이라도 서로 대화를 하자는 것입니다.

밥상머리교육이라고 하면 식사를 하면서 뭔가를 가르쳐야 한다는 생각에 사로잡히기 쉽습니다. 자녀 입장에서 생각해보면 부모님의 훈육은 잔소리로 들리기 십상입니다. 밥상머리교육의 핵심은 소통과 공감입니다. 가르치려 하기보다는 들어주고 이해해주는 자세가 필요합니다. 한 연구 결과에 따르면 가족끼리 식사를 많이 하는 아이들은 그렇지 않은 아이들에 비해 폭력성이 절반 정도 낮고, 성적은 두 배가 높다고 합니다.

가정에서 해줄 수 있는 최고의 교육은 부모님께서 좋은 모습을 보여주는 것입니다. 부부 사이에 화목한 모습을 보여주는 것만큼 자녀에게 안정감을 주는 것도 드뭅니다. 앞에서 말씀드린 인성교육의 3차원 6덕목 중에서는 머리로 되는 것은 하나도 없습니다. 모두 정서적인 것이죠. 화목한 가정에서 자란 아이는 정서적으로 안정된 인격체로 성장하게 되고, 이런 아이는 사회에서도 '화목한 관계'를 유지할 수 있는 힘을 갖게 됩니다.

다음은 '밥상머리교육 수기 공모전'에 사연을 보내주신 박은애 학부모님의 이야기 중 일부입니다.

대화 시간을 늘리는 것은 아이들과 소통할 수 있는 기회를 만드는 것이며, 이때 아이에게 예절교육은 물론 다양한 교육을 할 수 있을 것이라고 판단했다. 하루에 최소한의 대화 시간이라도 확보할 수 있는 것은 가족이 함께 모여 식사를 할 때고 그러기 위해선 가족들이 가족 식사에 참여하도록 하는 것이 우선이었다. 이를 위해 가족이 함께 시장을 보고 함께 음식을 하는 재미의 즐거움을 생각해봤고, '밥상머리교육' 자료를 통해 우리 가족도 무언가 특별한 우리만의 행복하고 기다려지는 식사시간을 만들기 위해 가족회의를 열었다.

가족회의 결과, 일주일 중 수요일과 일요일은 함께 가족 식사를 하는 날로 정하고 그중 하루는 시간이 되는 사람을 정해 함께 시장을 보기로 했다. 서로가 먹고 싶은 음식을 정해 시장을 보는 것은 아이들에게 긍정적인 변화를 가져왔다. 자신들이 직접 고른 메뉴이고, 짧은 시간이나마 함께 칼질을 하고, 다듬고, 맛을 보며 음식을 만드는 과정에 참여하게 되면서 아이들이 그 시간을 재미있다고 느끼며 애착을 갖고 적극적인 태도가 됐다.

예전에는 항상 식전·식후의 준비는 엄마만의 차지였지만 지금은 그렇지 않다. 수저를 놓고, 밥과 국을 푸고, 반찬을 놓는 등 각자의 역할을 분담한다. 이것은 아이들에게 책임감과 협력이라는 중요한 덕목을 가르쳐주는 데 큰 도움이 됐다.

식사 준비가 끝나면 우리 가족은 식사를 되도록 천천히 하며 그날 있었던 일들과 한 주의 일들에 대해 서로 이야기를 나누려고 노력한다. 식후의 과정도 식전의 과정과 같다. 설거지, 반찬 정리, 행주질 등 각자 맡은 일들을 한다. 우리 가족이 빼먹지 않으려고 노력하는 것이 있는데, 저녁 식사 후 티타임을 갖는 것이다. 이때 다들 가족여행을 온 것처럼 행복해하는 모습을 보여줬다.

먼저 밥상머리교육 수기 공모전에 보내오신 정영남 학부모님의 사례를 들려드리겠습니다.

초등학교에 입학한 아이가 한동안 학교에 적응하지 못해서 맞벌이하는 부부가 번갈아가며 아이를 학교에 데려다줬다고 합니다. 하루는 아빠가 아이를 데리고 학교에 갔는데 아이가 교실에 들어가지 않고 자꾸 뛰쳐나온다는 전화를 받고 엄마가 학교로 달려갔습니다. 도착해보니 아이는 흥분해서 눈물, 콧물을 흘리면서 울고 있고 아이 옆에서 아빠는 어쩔 줄 몰라 하고 있더랍니다.

엄마는 그 순간 아이에게 뭐가 필요한지 본능적으로 알았다고 하십니다. 논리적인 설득도 아니고 억압도 아닌 그냥 아이를 안아주는 것이었습니다. 그날 아이를 업고 학교 화단을 돌고 돌고, 또 돌았다고 하십니다.

그 이후로 엄마는 시도 때도 없이 쪽지와 편지글을 밥상에도 놓고, 아이의 가방에도 넣었습니다. 여름방학이 끝나고 학교에 가는 날이 되자 아이가 엄마에게 이렇게 말했습니다.

"엄마, 저 이제부터 혼자 갈래요. 제가 뭐 어린아이인가요?"

어느 날 갑자기 잔소리를 대화로, 훈육을 공감으로 바꾸는 일을 하기란 대단히 어렵습니다. 이는 부모님께만 어려운 일이 아닙니다. 자녀들에게도 어려운 일입니다.

자녀들이 아직 어리다면 부모님의 노력 여하에 따라 비교적 빨리 대화법을 바꾸실 수 있습니다. 하지만 사춘기에 접어든 자녀를 두었다면 이보다 더 많은 노력이 필요할 것이라 생각합니다.

한동안은 부모님들의 노력에도 불구하고 자녀들은 잔소리와 훈육으로 여길 수 있습니다. 부모님께서는 급한 마음에 대화하자고 다그치지 마시고, 공감해주려고 너무 애쓰지도 마시고, 많이 안아주십시오. 아이를 업고 화단을 돌고 돌고 또 돌았던 어머니처럼요. 그러고는 기다려주십시오. 부모님께서는 성적 말고도 다양한 채널의 문을 활짝 열고 자신을 기다리고 있다는 것을 알아줄 때까지 말입니다. 부모님께서 사랑으로 안아주는 것이 자녀에게는 따뜻한 노크 소리로 들리게 될 것입니다. 그러면 자녀 역시 닫고 있던 문을 열고 왜 이제야 오셨느냐면서 반갑게 맞아줄 것입니다.

전국학부모지원센터 www.parents.go.kr

교육과학기술부가 맞벌이 부부, 핵가족의 증가로 약화된 가정교육을 되살리기 위해 마련한 홈페이지. 전국 학부모들이 궁금해하는 교육 정보를 한번에 확인할 수 있도록 각 시·도교육청 및 시·도 학부모 지원센터와 연계해 제공하고 있다. 특히 자녀교육에 도움이 되는 방송 강연이나 다큐를 한곳에 모아 놓은 '학부모 강좌→온라인 강좌' 코너와 인근 학부모지원센터에 연결된 '학부모상담' 코너는 인성교육에 대한 도움을 받을 수 있다.

신애라와 함께하는 필통스쿨

전국학부모지원센터 → 자녀교육정보 → 교육자료실 → 밥상머리교육

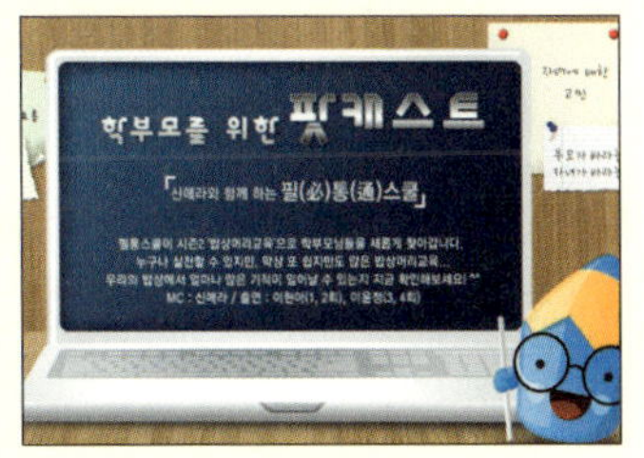

교육과학기술부가 찾아가는 학부모 교육의 일환으로 제작한 인터넷 라디오 방송. '필통스쿨'은 탤런트 신애라 씨와 교육 전문가들이 워킹맘, 워킹대디를 위한 자녀교육 노하우를 제공한다. 시즌1은 총 6회에 걸쳐 학교폭력3회과 청소년 우울증 및 부모와의 소통3회을 다뤘으며, 시즌2는 밥상머리교육4회, 시즌3는 선행학습 없는 자기주도학습법4회에 관해 이야기를 나눴다. 교육과학기술부 페이스북 www.facebook.com/mest4u 에서도 연동해서 볼 수 있다.

필통톡 **Point**

- 교사의 권한과 책임을 강화하고 복수담임제를 도입해 학생들에게 좀 더 세밀한 관심을 가질 수 있도록 했다.

- 학교폭력을 근본적으로 줄이기 위해선 인성교육이 중요하다. 인성교육을 강화하기 위해 체육활동과 독서활동, 예술활동을 한층 강화하고 있다.

- 학교폭력 가해학생 조치사항과 이후 행동변화는 학교생활기록부에 기재된다.

- 많이 안아주고, 많이 들어주고, 많이 공감해줘야 한다.

고입정보포털 www.hischool.go.kr

다양해진 고등학교 종류에 따라 학교 유형별 전형방법 및 시·도별 입학전형 일정과 자기주도학습에 대한 다양한 정보를 제공하고 있다. 고등학교 진학을 앞둔 학생, 학부모를 포함해 진로진학상담교사에게 많은 도움을 줄 수 있는 사이트이다.

주요 카테고리 소개

- **고교정보_** 가장 기본적인 고등학교 정보를 볼 수 있다. 일반고와 특목고, 특성화고, 자율고 등 고등학교 유형 및 각 학교에 해당하는 개요를 간단히 소개하고 있다. 또한 학교별 고입 전형에 대해 쉽게 이해할 수 있다.

- **입시정보_** 전국 모든 고등학교의 입시 일정 및 절차 등을 한 곳에 모아놓았다. 관심 있는 고등학교의 고입 전형을 쉽게 확인할 수 있다. '시·도별 입시전형' 코너에서는 각 시·도별 내신 성적 반영지침이나 입학전형 기본계획 등을 알 수 있다.

- **자기주도학습전형_** 자기주도학습전형에 대한 소개와 이를 고입 입시에 반영하는 고등학교에 대한 정보가 있다. 기본적으로 자기주도학습은 어떤 것이고, 어떻게 해야 하는지 그 학습 방법을 소개하고 있다.

꼭 활용해보세요! 사이트 상단에 있는 '자기주도학습전형 지원특임센터 http://selflas.kedi.re.kr'에서는 '자료마당' 코너 중 '자기주도학습' 게시판을 통해 학습 플래너 작성 요령이나 바람직한 학습 목표 세우는 방법 등 학생들이 바로 자신의 학습에 적용할 수 있는 다양한 학습자료를 얻을 수 있다.

에듀팟은 창의적 체험활동 종합지원시스템이다. 학생이 언제 어디서든지 로그인해 학교 내외에서의 활동을 스스로 기록하고 관리해 소중한 학교생활 포트폴리오를 만들어 나가는 공간이다. 학생이 사용할 경우 우선 담당교사의 승인을 받아야 한다. 허가를 받으면 전용 브라우저가 열려 이를 통해 최근 체험활동 내역 및 포트폴리오 등록정보 등을 볼 수 있다.

주요 카테고리 소개

- **자기소개서**_입학용과 취업용 두 가지 제출유형 중 선택할 수 있다. 기본 정보, 성장과정, 지원동기, 장래희망, 학업 및 진로 계획 등을 각각 1,000자 이내로 기록하고 최대 10개까지 작성이 가능하다.

- **자율활동**_적응활동, 자치활동, 행사활동, 창의적 특색활동을 구분해 작성한다. 범교과학습의 경우 창의적 특색활동으로 분류한다. 무엇보다 '자주성'과 '사회성'을 잘 나타낼 수 있는 내용을 기록하는 것이 좋다.

- **동아리활동**_학술활동, 문화예술활동, 스포츠활동, 실습노작활동, 청소년단체활동이 포함된다. 자신의 소질과 연관된 활동에 성실히 참여한 내용을 중심으로 기록해야 한다. 승인교사는 동아리 담당교사로 동아리활동과 봉사활동, 진로활동을 연계해 참여했을 경우 학교에서 영역을 결정할 수 있다.

- **봉사활동**_학교 계획에 의한 봉사활동을 기록하는 공간으로 교내봉사활동, 지역사회봉사

활동, 자연환경보호활동, 캠페인활동이 속한다. 동일 기관에서 봉사활동을 지속적으로 한 경우 학기별, 분기별로 활동기간을 정해 기록할 수 있다. 단순한 '시간 채우기'보다는 활동 후 변화된 나의 모습을 적어야 한다.

- **진로활동**_진로활동은 진로상담, 진로탐색 · 진로체험활동, 자격증 및 인증취득으로 구분되고 활동하게 된 동기와 내용 및 소감을 기록한다.

- **방과후학교활동**_학생이 지속적으로 참여한 특기적성 및 진로와 관련된 방과후학교 프로그램 활동 내용을 기록한다. 프로그램을 마친 후 약 20~40시간 단위로 자기평가가 될 수 있도록 기록하는 것이 중요하다.

- **독서활동**_2011년 6월 1일부터 독서활동 영역은 독서교육종합지원시스템으로 일원화돼 기록 및 가져오기 기능을 사용할 수 없다. 이전에 입력했던 독서활동 기록은 이관 기능을 통해 독서교육종합지원시스템으로 옮길 수 있다.

- **포트폴리오**_포트폴리오 생성을 클릭해 지원하고자 하는 학교를 검색하고 그동안 작성한 체험활동들을 선택하면 PDF 형태의 포트폴리오가 최종 생성된다. 최종 포트폴리오는 대학 진학 시 온라인 또는 오프라인으로 제공이 가능하다.

꼭 활용해보세요! 커리어넷www.career.go.kr과 연계가 돼 있어서 에듀팟에서 커리어넷의 직업적성검사, 직업흥미검사, 직업가치관검사, 진로성숙도 검사를 진행하고 결과도 조회할 수 있다. 학생은 보다 편리하게 자신을 돌아보고 진솔하게 활동 내용을 기록할 수 있을 것이다.

창의인성 교육넷 www.crezone.net

한국과학창의재단에서 운영하며 학교 안팎에서 다양하게 활용할 수 있는 창의적 체험활동 및 교육기부 프로그램 정보를 제공한다. 창의·인성교육, 창의적 체험활동, 주5일 수업제 프로그램, 커뮤니티 등 네 개의 카테고리로 나눠져 있다. 그중 창의적 체험활동과 주5일 수업제 프로그램에 대한 학생과 학부모의 활용도가 매우 높다.

주요 카테고리 소개

- **창의적 체험활동**_창의적 체험활동에 대한 설명과 함께 어떤 프로그램이 있는지를 지역별, 대상별로 한눈에 볼 수 있는 '창의적 체험 자원지도(CRM)'가 제공된다. 스크랩 기능이 있어서 자신이 관심 있는 활동을 모아놓을 수 있다. '창의적 체험활동 이슈 캘린더'를 통해 시기별 주제에 맞는 체험활동을 선택해 참여할 수 있으며, '게시판'에는 각종 창의적 체험활동 후기가 공유되고 있으므로 아이들의 후기 작성 등 기록물 관리에도 도움이 된다.

- **주5일 수업제 프로그램**_주5일 수업제 전면 시행에 대한 안내와 지역별, 형태별 프로그램이 분류돼 있어 자녀의 관심 분야에 맞게 참여할 수 있다. 특히 여성가족부의 '우주과학캠프', 국토해양부의 '운수암템플스테이', 문화관광부의 '청소년여행문화학교' 등 중앙 부처의 프로그램이 잘 소개돼 활용도가 높다.

- **커뮤니티**_각 지역의 다양한 동아리 및 교과연구회, 사제동행독서동아리가 소개돼 있다.

 '창의적 체험 자원지도'에서는 주변 지역 사회를 비롯한 다양한 체험 프로그램과 시설, 인적 자원(전문가, 동아리 등)이 총 망라돼 있다. 주말이나 방학 등 자녀에게 맞는 시기와 지역, 흥미를 가질 만한 활동을 검색해서 참여할 수 있으므로 적극적으로 활용할 만하다.

커리어넷 www.career.go.kr

학생들이 스스로 진로탐색 활동을 할 수 있도록 직업정보, 학교·학과정보 등 정보와 심리검사, 진로 상담 등의 서비스를 제공한다. 서비스는 크게 직업정보, 학교·학과정보, 심리검사 프로그램, 진로 상담, 진로교육 자료로 나눠져 있다.

주요 카테고리 소개

- **직업정보**_가능한 한 많은 직업을 접할 수 있도록 초점이 맞춰져 있다. 특히 적성유형별 분류에서는 자신이 가진 능력에 따라 직업을 검색해볼 수 있다. 손재능이 우수하다면 손재능을 선택해 해당되는 직업군 및 구체적 직업 목록을 확인할 수 있다. 반대로 영상 관련직을 선택하면 공간시각능력, 창의력, 자기성찰능력 등 필요한 능력과 그에 따른 직업 목록이 나타난다. '직업인 인터뷰'는 사회 각 분야에서 활약하고 있는 직업인의 생생한 이야기를 들을 수 있으며 '미래의 직업세계' 코너를 통해 의사 등 대표적인 직업 150개와 테마파크 디자이너 등 떠오르는 직업 80개에 대한 정보를 제공한다.

- **학과정보**_학과사전은 대학의 학과를 500여 개의 대표학과를 중심으로 분류해 제공하고 있다. 각 대표 학과에는 세부 관련학과 명칭, 교육목표, 주요 교과목, 진출직업, 취업률, 전공과 직업의 일치현황 등과 그 학과가 개설돼 있는 대학 목록을 제시하고 있다.

- **심리검사 프로그램**_중·고등학생들이 진로 선택에 참고할 수 있도록 직업적성검사 등 심리검사 5종과 진로탐색 프로그램 '아로플러스'를 제공하고 있다. 아로플러스는 자신의 상황에 따라 두 가지 경로로 이용할 수 있다. 특정 직업에 대한 관심이 명확한 경우에는 '관심직업을 통한 진로 탐색하기'를 이용해 자신과 그 직업이 얼마나 잘 맞을지 알아볼 수 있고, 그렇지 않은 경우에는 '자기이해를 통한 진로 탐색하기'를 통해 자신의 특성에

맞는 직업을 탐색해볼 수 있다.

■ **진로상담**_진로에 대한 고민을 자유롭게 등록해 상담 전문가의 답변을 받을 수 있는 온라인 상담 서비스를 제공한다.

꼭 활용해보세요! 각종 심리검사와 함께 진로교육 자료 중 '자녀 진로지도'에서 학부모 통신용으로 만들어진 '드림레터' 자료를 1호부터 다운로드받을 수 있다. 직업정보, 학과정보, 자녀의 진로 고민 상담 자료, 진로 관련 칼럼 등의 자료를 초등학생용, 중학생용, 고등학생용으로 구분해 제공한다.

모두의 물음표가 모여
느낌표가 됩니다

"육군사관학교에 꿈을 두고 있는 학생입니다. 창의, 인성, 잠재력을 보고 학생을 뽑는 제도가 입학사정관제라고 하셨는데요. 육군사관학교에도 입학사정관전형이 생기면 안 될까요?"

순천에서 열린 필통톡에서였습니다. 한 1학년 여고생이 이런 제안을 했습니다. 일순 속으로는 적잖이 당황했습니다. 사관학교와 경찰대학은 다른 부처 소관이라 미처 챙기지 못하고 있었기 때문입니다. 이들 학교에서 배출하는 장교와 경찰간부야말로 인성과 소질, 적성이 무엇보다도 중요한데 말입니다. 어느 누구도 생각하지 못했던 의견을 만나고, 정책을 현실적으로 돌아보게 하는 곳. 바로 현장이었습니다. 필통톡을 통해 얻은 건 크게 세 가지입니다. 다양한 현장의 소리를 공유하는 소통의 힘, 정책에 대한 현실적인 반응과 변화, 학생들의 변화된 모습입니다.

필통톡은 2012년 2월 학교폭력근절종합대책을 발표하면서 소통프로그램의 일환으로 시작했습니다. 미미한 시작이었지만 현장에서 받은 열정은 가볍게 지나보낼 것이 아니었습니다. 소통에 대한 목마름이 또 다른 소통으로 이어지며 30회 가까이 필통톡이 이어졌습니다. 지속성이 진정성을 낳나 봅니다. 처음에는 데면데면하던 필통톡 분위기가 회를 거듭할수록 깊이를 더하는 것은 물론 학생이 학부모를, 교사가 학생을, 학부모가 교사를 이해하는 장이 되어 갔습니다. 누구보다 가까운 사이들인데도 허심탄회한 대화가 부족했었다는 반성도 있었습니다.

특히 한 개인의 열정과 노력, 의지가 담긴 생생한 경험을 들을 수 있다는 것이 시간을 더욱 값지게 했습니다. 진로진학상담선생님의 사랑과 열정이 담긴 진로 프로그램, 입학사정관의 풍부한 전형 경험, 학교 선배의 진취적으로 꿈을 이뤄가는 과정 등을 생생하게 만났습니다. 어떤 이론, 어떤 서적보다도 가치 있는 '실전 경험'이 보자기째로 학생과 학부모님 앞에 펼쳐진 것입니다.

절박함과 비장함까지 묻어나는 학생과 학부모님의 얘기를 들으면 때로는 미안하고, 때로는 가슴 아플 때도 있습니다. 모두의 이야기를 정책에 다 반영하지 못하는 한계도 더불어 드러났기 때문이죠. 하지만 현장의 목소리는 교육과학기술부에 많은 변화를 가져왔습니다. 필통톡에서 나온 의견들은 정책을 진화시키고 있습니다. 학교폭력근절종합대책의 경우 발표 이후에도 필통톡에서 나온 학생과 학부모, 선생님의 의견이 추가로 많이 반영됐습니다. 학교폭력 가해학생에 대한 교육프로그램 확충, 포털사이트에 학교폭력 상담코너 개설, 교사 행정업무 경감방안 마련 등이 좋은 예입니다. 한 순천 여학생의 제안으로 시작된 특수대학교에서의 입학사정관제 도입 추진도 현장소통을 통해 정책이 진화하는 한 과정입니다.

무엇보다 쌍방향 소통의 중요성을 인식하고 정책추진 과정에서 현장의 목소리를 듣는 과정이 이전보다 훨씬 더 많아졌습니다. 필통톡에서 만난 의외의 의견에 "아! 그럴 수도 있겠구나" 하는 마음이 들 때가 한두 번이 아닙니다. 많이 깨닫고 많이 배웁니다. 강의나 방문으로 일방향으로 진행되던 현장과의 만남도 관련자들이 한자리에 모여 시간을 두고 충분히 의견을 나누는 방식으로 전환되고 있습니다.

필통톡에서 만난 영민하고 당찬 우리 학생들의 긍정적 변화 또한 제가 얻은 수확이었습니다. "학교폭력은 가해자와 피해자의 문제로 볼 것이 아니라 학교라는 공동체의 문제로 봐야 합니다"라는 학생의 한마디로, 가해자나 피해자를 어떻게 할 것인가를 두고 열띤 공방을 벌이던 어른들이 순간 머쓱해졌습니다. 그로부터 몇 주 후, 우리나라를 방문한 에르키 아호 핀란드 전 국가교육청장이 언론과의 인터뷰에서 그 학생과 똑같은 말을 하는 것을 보고 깜짝 놀랐습니다.

군산에서 만난 학생들의 모습에서도 뿌듯하고 벅찬 마음을 감출 수 없었습니다. 예전에 특성화고 학생들을 만나면 의기소침한 모습에 마음이 아팠는데, 글로벌 기업에 합격했다고 의젓하고 당당하게 밝히는 마이스터고 남학생의 모습은 지금도 눈에 선합니다. 학교에서는 마냥 어린아이로만 보이는데 학부모, 선생님들과 어깨를 나란히 하며 의견을 주고받는 모습이 너무나 의젓하다며 학생들이 달리 보인다는 분도 계셨습니다. 우리 교육의 긍정의 변화입니다.

필통톡에서 만난 현장은 일일이 열거하기 힘들 정도로 진귀한 구슬들로 가득했습니다. 인제 이 구슬들을 잘 꿰어 인재대국 대한민국을 이끌어갈 정책으로 다듬어가는 일은 정부의 몫일 겁니다. 교육과학기술부는 앞으로 더욱 현장의 구슬 발굴에 노력하고, 그 구슬들을 하나하나 꿰어서 더 가치 있는 보배로 만들어가겠습니다.

교육과학기술부 장관 이주호

찾아보는 교육 용어

계약학과	190	2009 개정교육과정	123
교육기부	77	인성교육	231
논술시험	174	117 학교폭력신고센터	213
독서교육	232	입학사정관제	144
드림레터	92	자기주도학습	95
마이스터고등학교	184	자기주도학습전형	104
밥상머리교육	238	재직자특별전형	190
방과후학교	62	직업적성검사	136
복수담임제	228	진로활동	81
사내대학	190	진로교육	34
산학겸임교사	185	진로진학상담교사	78
성취평가제	118	진로체험활동	33
수능부담완화정책	171	집중이수제	122
수능-EBS 연계	173	창의력	27
스포츠클럽	123	창의 · 인성교육	26
신고졸시대	178	창의적 체험활동	30
위Wee 센터	213	초등돌봄교실	66
EBSm	98	취업지원관	182
2014학년도 수학능력시험	172	특성화고등학교	179
		특수목적고등학교	90
		학교폭력근절종합대책	219

찾아보는 교육 사이트

시즌 2

1회 임진택 경희대 입학사정관 · 김경훈 한국교육과정평가원 수능관리본부장 · 김다솜 건국대 학생 · 심주석 하늘고, EBS강의교사(수학) · 김기훈 용인외고, EBS강의교사(국어) · 윤장환 세화여고, EBS강의교사(영어)

2회 김종우 성수고 진로진학상담교사 · 신종찬 휘문고 교사, 서울시교육청 진학지도지원단 · 박효정 한국교육개발원 자기주도학습전형지원특임센터 소장 · 문경수 학부모

3회 김재호 경인교대 교수 · 조경순 부산분포초 교장 · 우성순 서울상천고 교사 · 남성준 서울문창초 교사

4회 송형호 면목고 생활지도부장교사 · 오경희 반포중 복수담임교사 · 오송희 안천중 상담교사 · 백영미 학부모 · 최단 여의도중 학생, 또래상담자

시즌 3

의정부 김진영 효자고 진로진학상담교사 · 지은경 포항공대 학생 · 박정선 연세대 입학사정관

속초 배정희 설악고 진로진학상담교사 · 김민아 경희대 학생 · 유신재 서강대 입학사정관

충주 조정자 청주외고 진로진학상담교사 · 나준우 성균관대 학생 · 김경숙 건국대 입학전형전문교수

군산 김선태 한국직업능력개발원 평생직업교육연구실장 · 박인원 전북기계공고 교장 · 성재현 공주대 재직자특별전형 재학 · 위성욱 현대자동차 전주 인사팀장 · 강주성 시화공고 취업지원관

구미 김소희 한밭대 재직자특별전형 재학 · 김선태 평생직업교육연구실장 · 곽정용 금오공고 교장 · 이진욱 평촌경영고 취업지원관 · 홍성표 (주)KH바텍 인사팀장

안산 권영훈 경일관광경영고 교장 · 윤성중 삼일메가텍(주) 대표이사 · 박상영 중앙대 재직자특별전형 재학 · 이진욱 평촌경영고 취업지원관

아산 이윤영 온양여고 진로진학상담교사 · 이인형 서울시립대 학생 · 김경숙 건국대 입학전형전문교수

순천 김선구 순천여고 진로진학상담교사 · 서채리 연세대 학생 · 김경섭 단국대 선임입학사정관

진주 이성욱 진주고 진로진학상담교사 · 이주언 경희대 학생 · 김경섭 단국대 선임입학사정관

멘토타임 최태성 대광고, EBS파견교사(국사) · 심주석 하늘고, EBS강의교사(수학)

필통톡 진행에 도움을 주신 분

사회 서경석 방송인 · 구성 권선 외

대구방송TBC · 대전방송TJB · 광주방송KBC · 부산경남방송KNN, 전주방송JTV · 강원민방G1 · 청주방송CJB · 울산방송UBC · 제주방송JIBS · 경인방송OBS · 한국교육방송공사EBS

이은규 의정부교육지원청 교육장 · 신희숙 장학사, 임용담 안산교육지원청 교육장 · 안혜숙 장학사, 정효남 속초양양교육지원청 교육장 · 심락현 장학사, 송광헌 충주교육지원청 교육장 · 이봉식 장학사, 최전심 군산교육지원청 교육장 · 노상근 장학사, 박문재 순천교육지원청 교육장 · 유병삼 장학사, 황태주 구미교육지원청 교육장 · 서충교 장학사, 강순복 진주교육지원청 교육장 · 마경수 장학사, 김광희 아산교육지원청 교육장 · 명노화 장학사

＊인사발령으로 소속이 변경된 분도 있습니다.

검토위원 – 학부모 모니터단

윤호정 · 양홍준 · 유명희 · 오명실 · 김미수 · 김영숙 · 홍수미 · 정지혜 · 이영희

교육과학기술부 필통톡 기획팀

이주호 장관 · 고경모 기획조정실장 · 박춘란 정책기획관 · 최정옥 홍보기획담당관 · 김혜민 사무관

113